数林外传 系列

跟大学名师学中学数学

漫话数学归纳法

第4版

◎ 苏 淳 编著

U0221529

中国科学技术大学出版社

内 容 简 介

　　数学归纳法是一种重要的数学思想方法,它的作用不仅在于可用其来证明一系列与正整数 n 有关的数学命题的正确性,更重要的是,它可以帮助我们发现和认识数学规律,教会人们从纷繁复杂的外表现象中找出内在的规律性,并找到证明这种规律的正确性的路径.本书从一系列有趣生动的例题出发,多视野多角度地介绍了这一重要的数学思想方法.本书作为高中学生的课外辅助读物,将给他们带来意想不到的收获和乐趣,也可供中学数学教师和广大数学爱好者参考阅读.

图书在版编目(CIP)数据

漫话数学归纳法/苏淳编著. —4 版. —合肥:中国科学技术大学出版社,2014.9(2023.8 重印)

(数林外传系列:跟大学名师学中学数学)

ISBN 978-7-312-03563-0

Ⅰ. 漫…　Ⅱ. 苏…　Ⅲ. 数学归纳法—图集　Ⅳ. O141-64

中国版本图书馆 CIP 数据核字(2014)第 179824 号

出版	中国科学技术大学出版社
	安徽省合肥市金寨路 96 号,230026
	http://press.ustc.edu.cn
	https://zgkxjsdxcbs.tmall.com
印刷	合肥市宏基印刷有限公司
发行	中国科学技术大学出版社
经销	全国新华书店
开本	880 mm×1230 mm　1/32
印张	6.25
字数	125 千
版次	1989 年 7 月第 1 版　2014 年 9 月第 4 版
印次	2023 年 8 月第 10 次印刷
定价	20.00 元

第4版前言

五十多年前,我还在上高中的时候,也和许多人一样,经历过一个不喜欢数学归纳法的过程.感觉它老套刻板,没什么趣味;甚至觉得它简单浮浅,无讲究.直到我读到华罗庚教授写的一本关于数学归纳法的小册子之后,这才恍然大悟,逐步明白了它的精髓,感觉到它的魅力,感叹原来数学归纳法如此神奇,内涵如此深刻.在后来的岁月里,更是逐渐体会到它绝不仅仅是一个普通的技术性方法,而是一种认识数学世界的重要思想性方法.

五十多年了,世事沧桑,科学在发展,教育在变化.课本换了一茬又一茬,不变的宗旨是培养学生的素质.而学习和培养正确的思想方法正是科学素质教育的核心,体现在数学教育上,那就是不仅仅要学习数学知识,还要学习正确的思维方法.数学归纳法就是一种教会我们如何思考问题,如何解答问题的思想方法.

华罗庚教授在他的关于数学归纳法的小册子中说过一句语惊四座的话:"学好数学的诀窍就是一个字:退.大胆地退,足够地退,一直退到最简单而又不失去重要性的地步."华教授的这句话给了我们巨大的启发,更使我在五十多年间受益匪浅.

　　数学归纳法是最能体现"退下来看问题"这一思想方法的.我们在本书中写到的"学会从头看起""在起点上下功夫"都是说的"从最简单而又不失去重要性的地步看起"的思想的.但是,仅仅把最简单的情况看清楚还是不够的,这只能算是起步.我们还需往前跨步,以便看清楚整个情况.归纳法的好处是逐渐跨步,在通常的情况下,往往"只往前跨一步".但是"这一步如何跨"却是很有讲究的,不同的问题有不同的跨法.而解决"如何跨"的问题,通常可通过观察最初的两三步之间的联系来寻得启发.

　　本书正是围绕着"如何起步""如何跨步"这两大问题展开,通过一系列有趣的数学问题,介绍数学归纳法的用法,展现数学归纳法的威力.对于数学归纳法来说,起步和跨步是两大必要步骤,缺一不可.但是在使用和处理它们的方法上,却有着极大的灵活性.书中给出的许多例题提供了学习这些方法的实例,会让你感到既生动又有趣.它们使你在不知不觉中增长了知识,增强了本领,使你有一种成就感.

　　在本书纳入《数林外传系列:跟大学名师学中学数学》丛书重新再版之际,写上如上的一些话,以作纪念.

苏　淳

2014 年 3 月 18 日

目　　次

第 4 版前言 ………………………………………………… (i)

1　数学归纳法与直接证法 …………………………… (1)

2　认真用好归纳假设 ………………………………… (10)

3　学会从头看起 ……………………………………… (27)

4　在起点上下功夫 …………………………………… (38)

5　正确选取起点和跨度 ……………………………… (49)

6　选取适当的归纳假设形式 ………………………… (64)

7　非常规的归纳途径 ………………………………… (81)

8　合理选取归纳对象 ………………………………… (93)

9　辅助命题——通向 $P(k+1)$ 的桥梁 …………… (110)

10　转化命题 …………………………………………… (122)

11　主动强化命题——归纳法使用中的一种重要技巧
………………………………………………………… (136)

12　将命题一般化——通向使用数学归纳法的有效途径
………………………………………………………… (144)

13　归纳式推理 ………………………………………… (150)

14　数学归纳法原理,隐形归纳 ……………………… (158)

15　平均不等式归纳法证明种种 ……………………… (166)

16　篇末寄语 …………………………………………… (173)

习题 …………………………………………………… （185）

提示与解答 ………………………………………… （189）

1 数学归纳法与直接证法

大家知道,数学上的许多命题都与正整数 n 有关.这里所说的 n,往往是指任意的一个正整数.因此,这样的一个命题实际上也就是一整列命题.

要证明这样一整列命题成立,当然可以有多种不同的方法.其中常用的一种方法是置 n 的任何具体值而不顾,仅仅把它看成是一个任意的正整数,也就是说,假定它只具备任何正整数都具备的共同性质,并且在这样的基础上去进行推导、运算.如果我们在推导运算中没有遇到什么难以克服的困难,那么我们就有可能用这种方法来完成命题的证明了.这种方法就是习惯上所说的直接证法.下面来看两个简单的例子.

【例1】 证明,对任何正整数 n,如下的等式都能成立:

$$\frac{1}{2} + \cos x + \cos 2x + \cdots + \cos nx = \frac{\sin\left(n + \frac{1}{2}\right)x}{2\sin\frac{1}{2}x}.$$

证明 我们有

$$\frac{1}{2} + \cos x + \cos 2x + \cdots + \cos nx$$

$$= \frac{1}{2\sin\frac{1}{2}x}\left(\sin\frac{1}{2}x + 2\cos x\sin\frac{1}{2}x + 2\cos 2x\sin\frac{1}{2}x\right.$$

$$+\cdots+2\cos nx\sin\frac{1}{2}x\Big),$$

利用积化和差公式

$$2\cos\alpha\sin\beta=\sin(\alpha+\beta)-\sin(\alpha-\beta)$$

即知

$$\sin\frac{1}{2}x+2\cos x\sin\frac{1}{2}x+2\cos 2x\sin\frac{1}{2}x+\cdots$$

$$+2\cos nx\sin\frac{1}{2}x$$

$$=\sin\frac{1}{2}x+\Big(\sin\frac{3}{2}x-\sin\frac{1}{2}x\Big)+\Big(\sin\frac{5}{2}x-\sin\frac{3}{2}x\Big)$$

$$+\cdots+\Big[\sin\Big(n+\frac{1}{2}\Big)x-\sin\Big(n-\frac{1}{2}\Big)x\Big]$$

$$=\sin\Big(n+\frac{1}{2}\Big)x,$$

综合上述等式即得所证. 可见, 不论 n 为任何正整数, 所证的恒等式都能成立.

在刚才所作的推导中由于借助了积化和差公式, 所以证明得很顺利. 我们甚至连 n 是奇数还是偶数都用不着考虑就完成了证明. 这样的证明当然是对任何的正整数 n 都能够成立的, 这就是我们所说的"将 n 置于**任意**的境地"的含意. 下面再看一个例子.

【例 2】 证明, 对任何正整数 n, 数

$$A_n=5^n+2\cdot 3^{n-1}+1$$

都能被 8 整除.

证明 按照 n 的奇偶性, 我们分别将 A_n 表示成两种不同的形式. 当 n 为奇数时, 有

$$A_n = (5^n + 3^n) - (3^{n-1} - 1), \tag{1}$$

当 n 为偶数时,将 A_n 表示为

$$A_n = 5(5^{n-1} + 3^{n-1}) - (3^n - 1). \tag{2}$$

于是在上述两式中,第一个括号内的指数都是奇数,第二个括号内的指数都是偶数.我们知道,如果 k 为奇数,则有

$$a^k + b^k = (a + b)(a^{k-1} - a^{k-2}b + \cdots + b^{k-1}),$$

如果 k 为偶数,则 $c^2 - 1$ 可整除 $c^k - 1$.于是只要分别视 $a = 5, b = 3$ 及 $c = 3$,即可根据上述事实,知(1)、(2)两式中的前后两项都是 8 的倍数,从而完成了命题的证明.

在这个证明中,我们虽然分别对 n 为奇数和 n 为偶数做了不同的处理,但并未改变 n 是**任意**正整数这一根本的属性,因此所作的证明可对任何正整数 n 成立.这是直接证法的最主要的特点.

直接证法在许多场合下具有简洁的优点,因此应用得非常广泛.再看一个取自 1989 年全国高中数学联合竞赛试题的例子.

【例 3】 已知:$x_i \in \mathbf{R}(i = 1, 2, \cdots, n; n \geqslant 2)$,满足:$|x_1| + |x_2| + \cdots + |x_n| = 1$,$x_1 + x_2 + \cdots + x_n = 0$.证明

$$\left| x_1 + \frac{x_2}{2} + \cdots + \frac{x_n}{n} \right| \leqslant \frac{1}{2} - \frac{1}{2n}.$$

证明 由条件 $\sum_{i=1}^{n} |x_i| = 1$ 知 $x_1, x_2, \cdots, x_n$ 不全为零;由条件 $\sum_{i=1}^{n} x_i = 0$ 知这 n 个实数中既有正数也有负数.记

$$A_1 = \{i : x_i \geqslant 0\}, \quad A_2 = \{i : x_i < 0\},$$

则 A_1 和 A_2 都不是空集,它们互不相交,且 $A_1 \bigcup A_2 = \{1,$ $2, \cdots, n\}$. 若再记 $S_1 = \sum\limits_{i \in A_1} x_i$, $S_2 = \sum\limits_{i \in A_2} x_i$, 就有

$$S_1 + S_2 = 0, \quad S_1 - S_2 = 1.$$

因此,知 $S_1 = -S_2 = \dfrac{1}{2}$. 采用所引入的符号,就有

$$\left| x_1 + \frac{x_2}{2} + \cdots + \frac{x_n}{n} \right| = \left| \sum_{i \in A_1} \frac{x_i}{i} + \sum_{i \in A_2} \frac{x_i}{i} \right|.$$

由 A_1 和 A_2 的定义和性质知 $\sum\limits_{i \in A_1} \dfrac{x_i}{i}$ 是若干个非负数之和,

$\sum\limits_{i \in A_2} \dfrac{x_i}{i}$ 是若干个负数之和,因此就有

$$\left| \sum_{i=1}^{n} \frac{x_i}{i} \right| = \left| \sum_{i \in A_1} \frac{x_i}{i} + \sum_{i \in A_2} \frac{x_i}{i} \right| \leqslant \left| \sum_{i \in A_1} x_i + \frac{1}{n} \sum_{i \in A_2} x_i \right|$$

$$= \left| S_1 + \frac{S_2}{n} \right| = \left| \frac{1}{2} - \frac{1}{2n} \right| = \frac{1}{2} - \frac{1}{2n},$$

可见命题的结论是成立的.

在这里,我们采用了许多符号,是为了书写简便.有志于学好数学的读者们,应当努力使自己习惯于这些符号,并逐步学会使用各种符号.

在这个证明中,我们同样没有想过"n 究竟是几"的问题,只是把精力花费在对命题条件的推敲和剖析上.我们应当养成这种细致分析题目条件的习惯.解题的思路往往就来自于这种分析之中.

以上所说的都是一些直接证法.如果我们能用这种证法把推理进行下去,那么就应当力争把它进行到底.但有时,我

们也会碰到一些与 n 有关的命题,对于它们很难从**任意**的 n 入手,那么我们就只好另辟蹊径了.先看一个例子.

【例4】 证明,对于每个不小于 3 的正整数 n,都可以找到一个正整数 a_n,使它可以表示为自身的 n 个互不相同的正约数之和.

分析 显然,我们很难对**任意**一个不小于 3 的正整数 n,直接去找出相应的 a_n 来.面对这样的情形,较为稳妥的做法只能是先从 $a_3, a_4, \cdots$ 找起.

证明 经过不多的几步探索,就可以发现,有

$$6 = 1 + 2 + 3,$$

而且 1,2,3 恰好是 6 的 3 个互不相同的正约数,因此可将 a_3 取作 6.在此基础上,又可发现有

$$12 = 1 + 2 + 3 + 6,$$

而且 1,2,3,6 恰好又是 12 的 4 个互不相同的正约数,因此又可取 $a_4 = 12$.循此下去,便知可依次取 $a_5 = 24, a_6 = 48, \cdots$.这也就告诉了我们:如果我们取定了 a_k,那么接下去就只要再取 $a_{k+1} = 2a_k$ 就行了.事实上,如果 a_k 可以表示成自身的 k 个互不相同的正约数 $b_1 < b_2 < \cdots < b_k$ 之和,即

$$a_k = b_1 + b_2 + \cdots + b_k,$$

那么就有

$$2a_k = b_1 + b_2 + \cdots + b_k + a_k.$$

如果记 $b_{k+1} = a_k$.则显然有 $b_1 < b_2 < \cdots < b_k < b_{k+1}$,表明它们互不相同;而且显然它们都是 $2a_k$ 的正约数.可见确实可以将 a_{k+1} 取为 $2a_k$.由于此处 k 具有**任意性**,所以我们确

实已对一切不小于 3 的正整数 n 都证得了所需证明的断言.

我们在这里所采用的证法,就是所谓"数学归纳法",有时也简称为归纳法.它在解决诸如此类的与正整数 n 有关的问题时,往往是行之有效的,因此被广泛地应用在数学之中.

刚才我们在证明中,实际上是遵循着如下思路行事的,即为了证明某个与正整数 n 有关的命题 $P(n)$ 成立,我们首先对最小的 n_0,验证 $P(n_0)$ 成立;然后再假定对 $n = k$,有 $P(k)$ 成立,并在此基础上,推出 $P(k+1)$ 也成立.于是我们便**相信**了,对一切正整数 $n \geqslant n_0$,命题 $P(n)$ 都能成立.

当然,大家都会问:"这种**相信**是不是确有其道理呢?"

我们可以告诉大家,这种**相信**是可靠的,是有其充分的数学依据的.我们将在本书的第 14 节介绍并证明该理论依据,即**数学归纳法原理**.有了这个原理,我们就可以放心大胆地使用数学归纳法了.

利用数学归纳法不仅可以处理像例 4 那样不宜采用直接证法的问题,而且也可以处理一些可以通过直接证法来解决的问题,例如前面提到过的例 1 和例 2,它们的证明过程如下:

例 1 又证　　当 $n = 1$ 时,我们有

$$左式 = \frac{1}{2} + \cos x,$$

$$右式 = \frac{\sin \frac{3}{2} x}{2 \sin \frac{1}{2} x} = \frac{3 \sin \frac{1}{2} x - 4 \sin^3 \frac{1}{2} x}{2 \sin \frac{1}{2} x}$$

$$= \frac{3}{2} - 2 \sin^2 \frac{1}{2} x = \frac{3}{2} - (1 - \cos x)$$

$$= \frac{1}{2} + \cos x,$$

所以对于 $n = 1$,等式是成立的.

假设对于 $n = k$,等式成立,即有

$$\frac{1}{2} + \cos x + \cdots + \cos kx = \frac{\sin\left(k + \frac{1}{2}\right)x}{2\sin\frac{1}{2}x},$$

要来证明对于 $n = k + 1$,等式也成立. 我们有

$$\frac{1}{2} + \cos x + \cdots + \cos kx + \cos(k + 1)x$$

$$= \frac{\sin\left(k + \frac{1}{2}\right)x}{2\sin\frac{1}{2}x} + \cos(k + 1)x$$

$$= \frac{\sin\left(k + \frac{1}{2}\right)x + 2\cos(k + 1)x\sin\frac{1}{2}x}{2\sin\frac{1}{2}x}$$

$$= \frac{\sin\left(k + \frac{1}{2}\right)x + \left[\sin\left(k + \frac{3}{2}\right)x - \sin\left(k + \frac{1}{2}\right)x\right]}{2\sin\frac{1}{2}x}$$

$$= \frac{\sin\left(k + \frac{3}{2}\right)x}{2\sin\frac{1}{2}x} = \frac{\sin\left[(k + 1) + \frac{1}{2}\right]x}{2\sin\frac{1}{2}x},$$

所以对于 $n = k + 1$,等式也成立. 从而对一切正整数 n,等式都成立.

例 2 又证 因 $A_1 = 5 + 2 + 1 = 8$,知其为 8 的倍数,所

以当 $n = 1$ 时命题成立.

假设 A_k 可被 8 整除,要证 A_{k+1} 也可被 8 整除.我们有
$$A_k = 5^k + 2 \cdot 3^{k-1} + 1,$$
$$A_{k+1} = 5^{k+1} + 2 \cdot 3^k + 1 = 5 \cdot 5^k + 6 \cdot 3^{k-1} + 1,$$
所以就有
$$A_{k+1} - A_k = 4(5^k + 3^{k-1}).$$
由于对任何正整数 k,数 5^k 和 3^{k-1} 都是奇数,所以其和 $5^k + 3^{k-1}$ 恒为偶数,从而 $4(5^k + 3^{k-1})$ 一定是 8 的倍数.这也就表明 $A_{k+1} = A_k + 4(5^k + 3^{k-1})$ 可被 8 整除.因此,对任何正整数 n,数 A_n 都可被 8 整除.

在以上的证明过程中,我们都严格地遵守了数学归纳法所要求的两个步骤:(1) 验证 $P(n_0)$ 成立;(2) 假设 $P(k)$ 成立,推出 $P(k+1)$ 也成立.正如中学数学课本中所指出的,这两个步骤对于保证命题 $P(n)$ 对一切 $n \geqslant n_0$ 都能成立是必不可少的,因此必须严格遵守.关于其原因,我们将在第 14 节中介绍.

后面我们将要读到数学归纳法的各种技巧,它们虽然显得灵活多变,但都是在严守上述两个步骤的前提下所设施的各种变通,绝对没有取消这两个步骤中的任何一个.为了同后面将要介绍的各种变通形式相区别,我们将本节所采用的归纳法形式叫做数学归纳法的基本形式,也有人称之为**第一归纳法**.

同其他任何一种数学方法一样,数学归纳法也不是万能的,例如,前面的例 3 就不宜采用数学归纳法来证明,读者不

难自行理解其中的道理. 由于后面还要进一步谈到这个问题,这里不再赘述.

在前面所讲到的数学归纳法的两个步骤中,我们通常将"验证 $P(n_0)$ 成立"称作**起步**;将"假设 $P(k)$ 成立"称作**归纳假设**;而将由"假设 $P(k)$ 成立"推出"$P(k+1)$ 也成立"的过程叫做**归纳过渡**,有时也叫做**向前跨步**. 起步的过程一般较容易,而归纳过渡有时却很需要认真动一番脑筋,有时甚至需要运用各种技巧和多种不同的数学工具. 归纳过渡通常是全题论证的关键,在此非认真下功夫不可,而其中最最重要的,则是设法利用归纳假设.

2　认真用好归纳假设

如果说在用数学归纳法证题时,归纳过渡是证题的关键,那么归纳假设就是过渡的基础.数学归纳法之所以显得有生命力,就是因为它避开了直接接触 n 的任意性,而把证明过程变成为一个"连环套",使得人们在验证了 $P(n_0)$ 成立之后,只要再在"$P(k)$ 已成立"的假设基础上证出"命题 $P(k+1)$ 也成立"就行了.这就意味只需要再往前迈出一步就够了,因此大大减少了论证中的不确定性.既然如此,运用好归纳假设当然就极为重要.我们甚至可以说,"如何千方百计地创造条件以利用归纳假设"的问题,正是论证者们在此所应考虑的最中心的问题.

在许多场合下,如何利用归纳假设的问题并不显得很困难.我们来看两个简单的例子.

【例1】 某次象棋比赛共有 n 人参加($n \geqslant 2$),每两个都应对弈,且一定决出胜负.证明,比赛结束后,可将这 n 个人列为一队,使队列中的每一个人都曾战胜过紧跟在他后面的那个人.

证明　如果 $n = 2$,结论显然成立.

假设当 $n = k$ 时结论成立,我们来证明当 $n = k+1$ 时结论也成立.这时,我们先从中任意叫出 k 个人来.由于这 k

个人中的每两个人都曾决过胜负,因此根据归纳假设,可将他们按照要求列成一列.此后,我们再让剩下的那个人按照如下办法插进已列好的队列中:如果他曾战胜过队列中的第1个人,那么他就站在最前头;否则,就再看第2个人是否被他战胜过,他可以一直这样依次看下去,直到看到一个曾被他战胜过的人后,他就插到该人的前面;如果这样的人一个也找不到,那么他就站到队列的最后去.不难看出,这样的队列即是合乎要求的.可见对 $n = k + 1$,结论也能成立.所以对一切 $n \geqslant 2$,结论都能成立.

在这里,先叫出 k 个人来列队,即是为了利用归纳假设.如果没有这 k 个人先行列队,那么是很难说清楚 $k + 1$ 个人是如何列队的.但是一旦有了这 k 个人所列的队列作为基础,那么就只要再说明第 $k + 1$ 个人如何插入其中,并能保持队列所具备的性质就可以了.

【例 2】 有一批文件分成 n 个部分分别由 n 个人保管,这 n 个人每人都有电话机.证明,当 $n \geqslant 4$ 时,只需通电话($2n - 4$) 次,就可以使 n 个人全都了解全部文件的内容.

证明 当 $n = 4$ 时,甲和乙、丙和丁先分别通一次话,相互告知各自掌握的文件内容;然后,甲和丙、乙和丁再分别通一次话,相互告知刚所了解的内容,即可使所有人都了解到全批文件内容,可见断言成立(共通了 4 次电话).

假设当 $n = k$ 时断言也成立,即只需通 $2k - 4$ 次电话,即可使所有 k 个人都了解到全批文件的内容,我们要来证明当 $n = k + 1$ 时断言也成立.

设想首先由第 $k+1$ 个人打电话给第 1 个人,以把他所掌管的文件内容全都告知第 1 个人.然后按归纳假设,前 k 个人之间只需打 $(2k-4)$ 次电话即可使他们全都知道全批文件的内容.然后第 1 个人再给第 $k+1$ 个人打电话,告知他全批文件内容.所以一共只需打 $1+(2k-4)+1=2(k+1)-4$ 次电话.可见断言对 $n=k+1$ 也成立.

在这两个例子中,虽然处理的细节上略有不同,但都可以先自 $k+1$ 个人中**任意**叫出 k 个人来对他们使用归纳假设(在例 2 中,要求剩下的那个人先将自己所掌握的文件内容告诉别人).这是因为不论剩下的是哪一个人,接下来的问题都是容易解决的.但在有的问题中却不是这样.

【例 3】 在一块平地上站有 n 个人.对每个人来说,他到其他人的距离均不相同.每人都有一支水枪.当发出火灾信号时,每人都用水枪击中距他最近的人.证明,当 n 为奇数时,其中至少有一人身上是干的.

证明 $n=1$ 时,结论显然成立.设命题对 $n=2k-1$ 成立,要证当 $n=2k+1$ 时命题也成立.设 A 与 B 两人之间的距离在所有的两人间的距离中为最小.撤出 A,B 两人,则由归纳假设知,在剩下的 $2k-1$ 个人中间,至少有一人 C 的身上是干的.再把 A,B 两人加进去,由于 $AC>AB,BC>AB$,所以 A,B 两人都不会用水枪去击 C,从而 C 身上仍然是干的,所以对一切奇数 n 命题都成立.

在这个问题中,先撤出两人是为了使用归纳假设(按照惯例,这叫做"退"),但在"退"出之后,还应再"进",因为我们

的目标是解决 $k+1$ 的情形. 既然"退"是为"进"服务的, 因此在"退"的时候就应当为"进"作好安排. 这个问题在例 1 和例 2 中显得不够突出, 而在例 3 中便体现得很清楚了: 我们之所以撤出 A 和 B, 而不撤别人, 就是为了能**方便**地将他们再加进去. 下面再看两个例子.

【例 4】 在平面上给定了 n 个点 $(n \geqslant 2)$, 以其中每两个点为端点都能连得一线段, 我们把这些线段中的最长者称作为直径. 证明, 直径的数目不会多于 n 条.

证明 显然当 $n = 2$ 时断言成立. 假设 $n = k$ 时断言也成立, 我们要来证明当 $n = k+1$ 时断言也成立. 将这 $k+1$ 个点所构成的平面点集记作 Z.

如果由 Z 中某点 A 所引出的直径不多于一条, 那么由于 $Z - \{A\}$ 是一个由 k 个点构成的平面点集, 由归纳假设知其中的直径不多于 k 条, 从而知 Z 的直径不会多于 $k+1$ 条.

如果由 Z 中某点 B 所引出的直径不少于 3 条, 其中有 BQ, BR, BS (图 1). 记 $r = |BQ|$, 则 Q, R, S 位于以 B 为中心 r 为半径的圆周上. 由于 Q, R, S 中任何两点间的距离都不超过 r, 所以它们事实上是位于以 B 为中心以 r 为半径的一段劣弧上. 不妨设 R 位于 Q 与 S 之间. 我们分别以 B, Q, S 为中心, 以 r

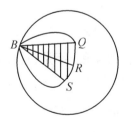

图 1

为半径作圆, 则平面点集 Z 整个含于上述三圆的交集 J 中. 但除了 B 点之外, J 整个含在以 R 为中心 r 为半径的圆的内部.

这表明由 R 仅可引出一条直线 BR. 于是利用前面已证部分知 Z 的直径不多于 $k+1$ 条. 这样,我们便证得了此时的结论.

最后,在剩下的情形里,由 Z 的每点都恰好引出两条直径,这些直径共有 $2(k+1)$ 个端点,故恰有 $k+1$ 条直径.

所以在任何情况下 Z 都至多有 $k+1$ 条直径. 由数学归纳法原理知,断言对任何正整数 n 成立.

在上述论证中,我们将情况区分为三类,其目的还是为了先"退"后"进". 在区分为三类后,我们采用不同手法加以解决,其中仅有第一种情况用到了归纳假设;而对第三种情况则是直接给出论证的;第二种情形则被化归第一种情形来处理. 这种在归纳过渡时区分情况分别处理的例子还可以举出很多. 下面来看一道第 27 届国际数学奥赛中的试题.

【例 5】　设 M 是由有限个格点组成的平面点集,现将 M 中每个点都分别染成蓝、白两色之中的一种颜色. 证明,可以采用适当的染法,使得在每条平行于坐标轴的直线上,所染的两色点的数目至多相差一个.

分析　大家知道,所谓格点,又叫整点,是平面上两个坐标值 x 和 y 都是整数的点 (x,y). 因此这道题目的本身即告诉我们,已在平面上取定了一个直角坐标系. 我们来将 M 中的点的数目记作 n.

当 $n=1$ 时,命题的结论显然成立. 假设 $n=k$ 时,命题的结论已经成立,要证 $n=k+1$ 时,命题的结论也能成立. 为了能利用归纳假设,我们来区分情况加以考虑.

首先,如果在某条平行于坐标轴的直线 l_1 上有奇数个 M

中的点,那么问题比较好办. 我们可以在 l_1 上先空出一个点 A_1 不染色. 于是 l_1 上还剩有偶数个点,而且在集合 $M -$ $\{A_1\}$ 中剩下 k 个点. 这样,我们便可由归纳假设知道,有办法对 $M - \{A_1\}$ 中的点按照所要求的方式染色. 假定已经染妥. 于是在 l_1 上,除了 A_1 未染之外,其余已染色的点中,蓝点数目与白点数目一定一样多(因为它们共有偶数个). 这样,当我们再为 A_1 染色时,不论染为蓝色还是染为白色,l_1 上的两色数目都至多相差一个. 因此,我们只要根据经过 A_1 而平行于另一条坐标轴的直线 l_2 上的蓝白点数目(它们至多相差一个)来决定如何为 A_1 染色了. 所以我们一定可以妥当地解决 A_1 的染色问题,使得所要求的染色规则仍可成立.

在剩下的情况里,在每条平行于坐标轴的直线上,都有偶数个 M 中的点. 这时问题比较复杂一点:为了能使用归纳假设,我们必须先撇开一个点不染. 可是无论撇开哪一个点,在经过该点的两条分别平行于两条坐标轴的直线 l_1 和 l_2 上,都还剩有奇数个点. 在我们按照归纳假设,对所剩的 k 个点按规定的法则染色之后,这两条直线上都必然会有一种颜色的点比另一种颜色的点多出一个. 如果所多出的点在两条直线上颜色相同,那么事情当然好办:此时只要将撇开未染的点染上另一种颜色,即可满足要求. 可是,事情有可能如此吗?会不会在 l_1 上是这种颜色的点多出一个,而在 l_2 上却是另一种颜色的点多出一个呢?这确实是值得我们担心的. 这时,我们就不能不对整个问题进行一番仔细地分析了.

先从与 l_1 平行的各条直线看起. 由于除了 l_1 之外,其余各直线上都是染了偶数个点，而我们的染色是按规则进行的.因此，在这些直线上所染的两种颜色的点的数目都是相等的.这就是说，在这些平行直线中，只有 l_1 上两种颜色的点相差一个，不妨设是蓝点比白点多一个.这当然也就说明了，在已经染过色的点中，总起来看，蓝点比白点多出一个.

我们再来看与 l_2 平行的各条直线.这时，除了 l_2 之外，其余各条直线上也都染了偶数个点，因此它们上的两种颜色的点的数目也都是相等的.唯一不等的，只有 l_2 上的点.如果在 l_2 上是白点比蓝点多一个，那么从总体来看，在已经染过的点中，就会是白点比蓝点多出一个了.这显然与前面所说的事实相矛盾.可见，在 l_2 上也一定会是蓝点比白点多一个.

经过以上的讨论，我们终于弄清楚了这样一桩事实，即在 l_1 和 l_2 上，一定是同一种颜色的点多出一个.从而只要把撇开暂时未染的点（即 l_1 和 l_2 的交点）染成数目较少的颜色，即可使得全部 $k+1$ 个点的染色合乎规则了.

就是这样，我们终于顺利地完成了归纳过渡，从而知道命题对一切 n 都成立.

从刚才这道题目的证明中，我们可以看出，在对归纳假设的使用中，有时除了需分情况进行讨论外，还需伴随着对整个问题的细致分析.这种从整体角度来考虑问题的办法，也是一种常用的数学思想方法，在处理数学问题中经常使用，我们已经看到，在使用数学归纳法证明问题时，也是离不开这种思想方法的.

在以上几个例题中，所接触的对象都是某个有限集合，

而数字 n 则一般是集合中的元素数目.下面来看几个与代数式有关的问题.

【**例 6**】 设 $P_n(x,y,z) = \dfrac{x^n}{(x-y)(x-z)} + \dfrac{y^n}{(y-x)(y-z)}$

$+ \dfrac{z^n}{(z-x)(z-y)}$,证明,只要 x,y,z 是互不相同的整数,n 是非负整数,那么 $P_n(x,y,z)$ 就一定是整数.

前面我们所接触的 n 都是正整数,而这里却表示非负整数.不难看出,数学归纳法原理仍可适用于现在的场合.

证明　由于 $P_0(x,y,z) = \dfrac{(z-y)+(x-z)+(y-x)}{(x-y)(y-z)(z-x)}$

$\equiv 0$,所以当 $n=0$ 时断言成立.

假设对 $n=k(k \geqslant 0)$,对任何互不相同的整数 x,y,z,$P_k(x,y,z)$ 都是整数.要证对任何互不相同的整数 x,y,z,$P_{k+1}(x,y,z)$ 也都是整数.我们有

$$P_{k+1}(x,y,z) - zP_k(x,y,z)$$

$$= \frac{x^{k+1}-zx^k}{(x-y)(x-z)} + \frac{y^{k+1}-zy^k}{(y-x)(y-z)} = \frac{x^k-y^k}{x-y},$$

因此,略加整理便得

$$P_{k+1}(x,y,z) = zP_k(x,y,z)$$

$$+ (x^{k-1} + x^{k-2}y + \cdots + y^{k-1})$$

（其中当 $k=0$ 时,上式右端的后一括号为 0）.

既然 x,y,z 和 $P_k(x,y,z)$ 都是整数,所以由上式可知 $P_{k+1}(x,y,z)$ 也是整数,可见断言对 $n=k+1$ 也成立.命题获证.

在这里,对归纳假设的使用是通过计算差值 $P_{k+1}(x,y,$

z)$- zP_k(x,y,z)$ 来实现的.

现在我们再来看一个关于斐波那契数列的性质的问题.

【例 7】　设 $\{F_n\}$ 是斐波那契数列,即有

$$F_1 = F_2 = 1, F_{n+2} = F_{n+1} + F_n \quad (n \geqslant 1),$$

证明,对一切正整数 n,数列中的第 $5n$ 项,即 F_{5n} 都是 5 的倍数.

证明　容易验证 F_5 是 5 的倍数.假设 F_{5k} 是 5 的倍数,要证 $F_{5(k+1)}$ 也是 5 的倍数.设 F_{5k+1} 被 5 除的余数是 $r \geqslant 0$,即有

$$F_{5k+1} \equiv r(\bmod 5),$$

那么由递推关系式即知

$$F_{5k+2} = F_{5k+1} + F_{5k} \equiv r(\bmod 5),$$

$$F_{5k+3} = F_{5k+2} + F_{5k+1} \equiv 2r(\bmod 5),$$

$$F_{5k+4} = F_{5k+3} + F_{5k+2} \equiv 3r(\bmod 5),$$

$$F_{5(k+1)} = F_{5k+4} + F_{5k+3} \equiv 5r(\bmod 5).$$

可见 $F_{5(k+1)}$ 确实是 5 的倍数.所以对一切正整数 n,F_{5n} 都是 5 的倍数.

在这里,我们对归纳假设的利用是直接的,方便的.正如大家所看到的,我们紧紧地扣住了数列所赖以定义的递推公式 $F_{n+2} = F_{n+1} + F_n$,一步一步地向上推,一直由 F_{5k} 推到 $F_{5(k+1)}$ 为止.

从以上两个例题中,我们可以看出一个共同之处,那就是不用先将 $P(k+1)$ 化归 $P(k)$,而是可以直接从 $P(k+1)$ 出发,或甚至直接从 $P(k)$ 出发来进行推导.但是,不论出发点如何,在利用归纳假设这一点上却是共同的,不可忽略的.

例 7 所涉及的斐波那契数列源于有名的斐波那契兔子问题,在数学上相当著名.后面我们还将多次触及这一数列.

下面来看一个有关不等式的命题.

【例 8】 设 a 为不等于 1 的正数.证明,对任何正整数 n,都有

$$\frac{1 + a^2 + a^4 + \cdots + a^{2n}}{a + a^3 + \cdots + a^{2n-1}} > \frac{n+1}{n}.$$

证明 由于 $a \neq 1$,所以 $(a-1)^2 > 0$,从而知 $a^2 + 1 > 2a$.

当 $n = 1$ 时,左式 $= \dfrac{1 + a^2}{a} > \dfrac{2a}{a} = 2$,右式 $= 2$,知不等式成立.假设当 $n = k$ 时不等式成立,即有

$$\frac{1 + a^2 + \cdots + a^{2k}}{a + a^3 + \cdots + a^{2k-1}} > \frac{k+1}{k},$$

也就是(将分子分母颠倒):

$$\frac{a + a^3 + \cdots + a^{2k-1}}{1 + a^2 + \cdots + a^{2k}} < \frac{k}{k+1}, \tag{1}$$

要证当 $n = k + 1$ 时,也有不等式成立,即要证

$$\frac{1 + a^2 + \cdots + a^{2k} + a^{2(k+1)}}{a + a^3 + \cdots + a^{2k-1} + a^{2k+1}} > \frac{k+2}{k+1}. \tag{2}$$

由于 (1)、(2) 两式的左端之和为

$$\frac{a + a^3 + \cdots + a^{2k-1}}{1 + a^2 + \cdots + a^{2k}} + \frac{1 + a^2 + \cdots + a^{2k} + a^{2(k+1)}}{a(1 + a^2 + \cdots + a^{2k-2} + a^{2k})}$$

$$= \frac{(1 + a^2)(1 + a^2 + a^4 + \cdots + a^{2k})}{a(1 + a^2 + \cdots + a^{2k})}$$

$$= \frac{1 + a^2}{a} > 2,$$

所以就有

$$\frac{1 + a^2 + \cdots + a^{2k} + a^{2k+2}}{a + a^3 + \cdots + a^{2k-1} + a^{2k+1}} > 2 - \frac{a + a^3 + \cdots + a^{2k-1}}{1 + a^2 + \cdots + a^{2k}}$$

$$> 2 - \frac{k}{k+1} = \frac{k+2}{k+1},$$

即有(2)式成立. 可见当 $n = k + 1$ 时,所证的不等式也成立. 所以对一切正整数 n,所证的不等式都成立.

在这里,在如何运用归纳假设的问题上,是费了一番脑筋的. 由于这里所面对的是分式不等式的证明,既不能直接将(2)式的分子分母各去掉一项,又不能直接对(2)式左端和 $n = k$ 时的左端求差(因为这是两个同向的不等式);但是为了利用归纳假设,却又非求差不可. 正是由于面对这一局面,才产生出将 $n = k$ 时的不等式两端同时颠倒的想法,因而得到(1)式. 至于接下来的不是将(2)、(1) 两式左端求差,而是求和,那是因为求差的运算又带来了新的难办之处,而求和运算则反而易于处理而已.

通过以上两个例题,我们多少已经感受到了与代数式有关的问题的一些处理特点. 在这些问题中,数字 n 所代表的不一定就是集合中的元素个数,有时还可能代表其他的量. 因此在利用归纳假设的途径上,就并不都是先"退"后"进"了,这从例 6 至例 8 可以看得很清楚. 也有的时候,虽然也采用先退后进的办法,但因涉及代数式以及函数式的较多的性质,因而会具有较多的运算或分析技巧.

【例9】　设 $a_1, \cdots, a_n$ 为正数,且 $\sum\limits_{j=1}^{n} a_j = 1$,又 $0 < \lambda_1 \leqslant \lambda_2 \leqslant \cdots \leqslant \lambda_n$. 证明

$$\big(\sum_{j=1}^{n}\lambda_j a_j\big)\cdot\big(\sum_{j=1}^{n}\frac{a_j}{\lambda_j}\big)\leqslant\frac{(\lambda_1+\lambda_n)^2}{4\lambda_1\lambda_n}.$$

分析 $n=1$ 的情形显然. 假设 $n=k$ 时命题成立, 我们来证明 $n=k+1$ 时命题也成立.

为此, 我们来考察函数

$$f(x)=A+Bx+\frac{C}{x},\quad x>0,B>0,C>0.$$

易见, 当 $x=\sqrt{\dfrac{C}{B}}$ 时, 函数达到极小值; 当 $x<\sqrt{\dfrac{C}{B}}$ 时, 函数下降; 当 $x>\sqrt{\dfrac{C}{B}}$ 时, 函数上升. 所以对任何 $0<x_1\leqslant x\leqslant x_2$, 都有

$$f(x)\leqslant\max\{f(x_1),f(x_2)\}.$$

现在, 我们要来利用 $f(x)$ 的这些性质, 帮助证明当 $n=k+1$ 时命题也正确. 为此, 令 $\lambda_k=x$, 于是就有 $\lambda_{k-1}\leqslant x\leqslant\lambda_{k+1}$. 再令

$$\begin{aligned}
A={}&\big(\sum_{j=1}^{k-1}\lambda_j a_j\big)\cdot\big(\sum_{j=1}^{k-1}\frac{a_j}{\lambda_j}\big)+\big(\sum_{j=1}^{k-1}\lambda_j a_j\big)\frac{a_{k+1}}{\lambda_{k+1}}\\
&+\big(\sum_{j=1}^{k-1}\frac{a_j}{\lambda_j}\big)a_{k+1}\lambda_{k+1}+a_{k+1}^2 a_k^2,\\
B={}&\big(\sum_{j=1}^{k-1}\frac{a_j}{\lambda_j}\big)a_k+\frac{a_{k+1}a_k}{\lambda_{k+1}},\\
C={}&\big(\sum_{j=1}^{k-1}\lambda_j a_j\big)a_k+a_{k+1}a_k\lambda_{k+1},
\end{aligned}$$

于是就有

$$\begin{aligned}
&\big(\sum_{j=1}^{k+1}\lambda_j a_j\big)\cdot\big(\sum_{j=1}^{k+1}\frac{a_j}{\lambda_j}\big)\\
={}&\big(\sum_{j=1}^{k-1}\lambda_j a_j+a_k x+a_{k+1}\lambda_{k+1}\big)\cdot\big(\sum_{j=1}^{k-1}\frac{a_j}{\lambda_j}+\frac{a_k}{x}+\frac{a_{k+1}}{\lambda_{k+1}}\big)
\end{aligned}$$

$$= A + Bx + \frac{C}{x} = f(x),$$

注意到 $\lambda_{k-1} \leqslant x \leqslant \lambda_{k+1}$,便知有

$$f(x) \leqslant \max \{f(\lambda_{k-1}), f(\lambda_{k+1})\},$$

但由归纳假设,可知

$$f(\lambda_{k-1}) = \Big(\sum_{j=1}^{k-1} \lambda_j a_j + \lambda_{k-1} a_k + \lambda_{k+1} a_{k+1}\Big)$$

$$\cdot \Big(\sum_{j=1}^{k-1} \frac{a_j}{\lambda_j} + \frac{a_k}{\lambda_{k-1}} + \frac{a_{k+1}}{\lambda_{k+1}}\Big)$$

$$= \Big[\sum_{j=1}^{k-2} \lambda_j a_j + \lambda_{k-1}(a_{k-1} + a_k) + \lambda_{k+1} a_{k+1}\Big]$$

$$\cdot \Big[\sum_{j=1}^{k-2} \frac{a_j}{\lambda_j} + \frac{a_{k-1} + a_k}{\lambda_{k-1}} + \frac{a_{k+1}}{\lambda_{k+1}}\Big]$$

$$\leqslant \frac{(\lambda_1 + \lambda_{k+1})^2}{4\lambda_1 \lambda_{k+1}}, \tag{3}$$

$$f(\lambda_{k+1}) = \Big[\sum_{j=1}^{k-1} \lambda_j a_j + \lambda_{k+1}(a_k + a_{k+1})\Big]$$

$$\cdot \Big[\sum_{j=1}^{k-1} \frac{a_j}{\lambda_j} + \frac{a_k + a_{k+1}}{\lambda_{k+1}}\Big] \leqslant \frac{(\lambda_1 + \lambda_{k+1})^2}{4\lambda_1 \lambda_{k+1}}, \tag{4}$$

从而综合上述,即知

$$\Big(\sum_{j=1}^{k+1} \lambda_j a_j\Big) \cdot \Big(\sum_{j=1}^{k+1} \frac{a_j}{\lambda_j}\Big) = f(\lambda_k)$$

$$\leqslant \max \{f(\lambda_{k-1}), f(\lambda_{k+1})\} \leqslant \frac{(\lambda_1 + \lambda_{k+1})^2}{4\lambda_1 \lambda_{k+1}},$$

亦即当 $n = k + 1$ 时,命题仍然成立.所以由数学归纳法原理知原不等式对一切正整数 n 都成立.

　　在这里的证明中,函数 $f(x)$ 的出现会令人感觉突然,但实际上却是深思熟虑的产物.为了理解这一点,我们来考察

一下所要证明的 $n = k + 1$ 时的不等式.

此时,不等式左端的两个括号内均各有 $k + 1$ 项,右端则应当为 $\dfrac{(\lambda_1 + \lambda_{k+1})^2}{4\lambda_1\lambda_{k+1}}$. 显然,为了能使用归纳假设,需要将左端的两个括号中均减少为 k 项;但又由于要保持 $\displaystyle\sum_{j=1}^{n} a_j = 1$,所以又不能简单地从中删去一项,而只能对它们进行适当的合并;又由于右端应出现 λ_1 和 λ_{k+1},所以在实行合并时不能从其中的首项和末项动手,因此只能在 λ_k 上打主意. 但因左端的第二个括号内的 λ_k 是做分母的,所以又不能简单地把它同 λ_{k-1} 括在一起变为 $(\lambda_{k-1} + \lambda_k)$. 这样一来,我们就只能先用 λ_{k-1} 来代替 λ_k,再又用 λ_{k+1} 来代替 λ_k,分别通过归纳假设得到两个估计式(3)和(4). 这两个估计式的右端虽然都是 $\dfrac{(\lambda_1 + \lambda_{k+1})^2}{4\lambda_1\lambda_{k+1}}$,合乎我们的需要,但左端却不是我们所要的形式,因此还应当研究它们同我们所需要的形式之间的关系. 为了进行这种研究,我们便用 x 去表示原来式中的 λ_k,而把其余的量都视为常数,于是便得到了 $f(x) = A + Bx + \dfrac{C}{x}$,并由此而引出了对函数 $f(x)$ 的性质的讨论. 由此可见函数 $f(x)$ 的出现绝不是偶然的,而是出于为便于使用归纳假设的需要. 这类例子虽然较为复杂,其思路仍是清晰的.

除了引入辅助函数之外,在为使用归纳假设而创造条件方面,还可以使用其他各种各样的方法.

【例 10】 证明,对任何正整数 $n \geqslant 3$,数字 2^n 都可以表示成 $2^n = 7x^2 + y^2$ 的形式,其中 x 和 y 都是奇数.(欧拉问题)

本命题由著名大数学家欧拉提出. 在 1985 年的苏联莫斯科数学奥赛中曾把它作为九年级的试题. 不言而喻,这是一道具有相当难度的试题.

当 $n = 3$ 时,只要取 $x = y = 1$,就有 $2^3 = 8 = 7 + 1$,知命题成立. 假设当 $n = k \geqslant 3$ 时,存在奇数 x 和 y,使得

$$2^k = 7x^2 + y^2, \tag{5}$$

要证明当 $n = k + 1$ 时,也存在两个奇数使相应的等式成立.

在这里,我们当然不能凭空去寻找这样两个奇数,而应当设法利用归纳假设. 为此,我们来对 $n = k$ 时的等式(5)作变形,令

$$\begin{aligned} 2^{k+1} = 2 \cdot 2^k &= 2(7x^2 + y^2) \\ &= 7(a_1 x + a_2 y)^2 + (b_1 x + b_2 y)^2, \end{aligned} \tag{6}$$

我们做这种变形的目的,是试图利用待定系数法确定出(6)式中的 a_1, a_2 和 b_1, b_2,使得 $a_1 x + a_2 y$ 和 $b_1 x + b_2 y$ 都是奇数,来完成命题的证明.

通过比较(6)式中相应各项的系数,我们得到

$$\begin{cases} 7a_1^2 + b_1^2 = 14, \\ 7a_2^2 + b_2^2 = 2, \\ 14a_1 a_2 + 2b_1 b_2 = 0, \end{cases}$$

这里有 4 个未知数,却只有 3 个方程,因此一定有解. 问题是要选出适当的解来,使得

$$x_0 = a_1 x + a_2 y, \quad y_0 = b_1 x + b_2 y,$$

都是奇数,并因此就有

$$2^{k+1} = 7x_0^2 + y_0^2. \tag{7}$$

经过不太复杂的推算,即知以下两组解都可以使(7)

式成立:

$$\begin{cases} x_1 = \dfrac{1}{2}(x + y) \\ y_1 = \dfrac{1}{2}(7x - y) \end{cases}, \quad \begin{cases} x_2 = \dfrac{1}{2}(x - y) \\ y_2 = \dfrac{1}{2}(7x + y) \end{cases}$$

现在的问题是,这两组解(x_1, y_1)和(x_2, y_2)中,是否至少有一组解都是奇数?我们注意到x和y都是奇数,因此知这两组解都是整数.又因为

$x_1 + y_1 = 4x$ 为偶数,知 x_1 与 y_1 奇偶性相同;

$x_2 + y_2 = 4x$ 为偶数,知 x_2 与 y_2 奇偶性相同;

而 $x_1 + x_2 = x$ 为奇数,知 x_1 与 x_2 一奇一偶.

可见在两组解(x_1, y_1)和(x_2, y_2)中,一定有一组解同为奇数,于是就只要取(x_0, y_0)为这组解,便可知 $n = k + 1$ 时的命题也成立了.

就是这样,我们终于顺利地完成了归纳过渡.通过这些例题,我们无非是说明了这样的道理:为了完成归纳过渡,一定要设法利用归纳假设;而为了利用归纳假设,一定要想尽办法创造条件.至于如何创造条件?那完全要视问题本身的性质,并不惜采用一切可以采用的办法,尽一切可能进行的努力.不过在此我们要强调一点,那就是在作这种努力时,目标一定要明确,这个目标就是:千方百计地将 $k + 1$ 的情形同 k 的情形挂起钩来.

下面一个例子中的将 $k + 1$ 的情形化归 k 的情形的做法是非常具有启发性的.

【例11】 有2^n个球($n \geqslant 1$)分成了若干堆.在任何两堆

之间都可按下述规则对球进行挪动:如果甲堆的球数 p 不少于乙堆的球数 q,则从甲堆中取出 q 个球放入乙堆,这叫做完成了一次挪动.证明,只需经过有限次挪动,就可以将这 2^n 个球并成一堆.

如果 $n = 1$,那么只有两个球,它们或者原来就放在同一个堆中,此时不用挪动;或者原来分成两堆,每堆一个,那么只需挪动一次,即可并为一堆.可见断言成立.

假设当 $n = k$ 时断言也成立.即对 2^k 个球,只需经过有限次挪动即可并为一堆.我们要来证明当 $n = k + 1$ 时,断言仍然成立.

注意此时的球数比 $n = k$ 时多了一倍,所以同 $n = k$ 的情形有很大的不同.但是我们也注意到了总球数为偶数个(2^{k+1}),所以放有奇数个球的堆有偶数堆.可以将这些放有奇数个球的堆两两分为一组,在每一组内的两堆之间进行一次挪动.则两堆的球数由原来的 p 和 q(假设 $p > q$) 分别变为 $p - q$ 和 $2q$,从而全都成为偶数个(有些堆可能变为 0 个).现在我们再设想,如果这些堆中的球全都两两地绑在一起,那么总数目不就减少了一半(变为 2^k 个) 了吗?这就启发了我们:只要把两两绑在一起的球看成一个个的球,就可按照归纳假设把它们全都归入一堆了.可见当 $n = k + 1$ 时,命题也能成立.由归纳法原理即知,命题可对一切正整数 n 都成立.

例 11 中所用的思考方法是很具有启发性的,它告诉我们:某些形象化的思维有时也会在解题中发挥作用.自觉地注意到这一点,对增强我们的解题本领是会有好处的.

3   学会从头看起

为了实现归纳过渡,必须利用归纳假设.可是,为了利用归纳假设,有时需要各种技巧.那么,怎样才能知道该使用什么样的技巧呢?这里用得着数学大师华罗庚教授的话:"善于'退',足够地'退','退'到最简单而不失去重要性的地方,是学好数学的一个诀窍!"在数学归纳法中,最简单而不失去重要性的地方,便是最开头的几步,通常也就是 $n = 1, 2, 3$ 的情形.凡有些数学经验的人都知道,向这些简单的情形讨教是最合算也是最可靠的.事实上,在很多问题中,如果真正把这些最开头的几步看透了,弄清楚了,想仔细了,那么解决整个问题的办法也就有了.

我们来看几个例子.

【例1】 设正数数列 $\{a_n\}$ 满足关系式 $a_n^2 \leqslant a_n - a_{n+1}$,证明,对一切正整数 n,有 $a_n < \dfrac{1}{n}$.

证明 $n = 1$ 的情形显然.而当 $n = 2$ 时,由于

$$a_2 \leqslant a_1 - a_1^2 = \frac{1}{4} - \left(\frac{1}{2} - a_1\right)^2 < \frac{1}{2}, \qquad (1)$$

知断言也成立.假设当 $n = k$ 时,断言成立,即有 $a_k < \dfrac{1}{k}$.则当 $n = k + 1$ 时,有

$$a_{k+1} \leqslant a_k - a_k^2 = \frac{1}{4} - \left(\frac{1}{2} - a_k\right)^2$$

$$\leqslant \frac{1}{4} - \left(\frac{1}{2} - \frac{1}{k}\right)^2 = \frac{k-1}{k^2} < \frac{k-1}{k^2-1} = \frac{1}{k+1}.$$

知断言也成立. 因此由数学归纳法原理知对一切正整数 n, 都有 $a_n < \dfrac{1}{n}$.

在上面的论证中, "$n = 2$" $\left(\text{即 } a_2 < \dfrac{1}{2}\right)$ 并未在归纳过渡中发挥作用, 因此按理说来是不用验证这一步的. 但是, (1) 式却启示了我们如何将 $(a_1 - a_1^2)$ 改写成一种便于使用归纳假设的形式, 而这种启示对于实行归纳过渡是非常重要的. 可见这种对 $n = 2$ 情形的考察是很有好处的.

【例 2】　证明, 对任何正偶数 n, 都存在以 $-1, 0$ 或 1 为元素所组成的 $n \times n$ 数表(即含有 n 行 n 列的数表), 使其中各行元素相加与各列元素相加所得到的 $2n$ 个和数各不相同.

$n = 2$ 的情形比较具体也比较简单, 经过一番探索, 即可发现如下的数表就具备所述的性质: $A_2 = \begin{pmatrix} 1 & 1 \\ 0 & -1 \end{pmatrix}$, 事实上它的两个行和分别是 $a_1 = 2$ 和 $a_2 = -1$, 而两个列和则分别是 $b_1 = 1$ 和 $b_2 = 0$, 它们的确各不相同.

按照数学归纳法的常规步骤, 现在我们应当假设对 $n = 2k$, 存在着满足所述性质的 $2k \times 2k$ 数表 A_{2k}, 并在此基础上去证明对 $n = 2(k+1)$, 所述的 $2(k+1) \times 2(k+1)$ 数表也存在了. 但是事实上, 我们现在很难往下做下去. 这是因为对诸如"A_{2k} 究竟是什么样的?""在此基础上如何去找出 $A_{2(k+1)}$ 来?"等一系列问题,我们心中依然无数.

现在应该怎么办呢?我们说,最好的办法就是:先不要忙着去考虑抽象的 k,还是来看看怎样把 A_4 找出来吧!

怎样找 A_4 呢?当然还是不要撇开 A_2 去找.这是因为我们寻找 A_4 的目的,绝不是单纯为了找出一个合乎要求的 4×4 数表来,而是为了替实现归纳过渡寻找道路.带着这样的目的去找 A_4,我们的目标就明确了.经过一番探索,不难看出,如下的数表即可满足要求:

$$A_4 = \begin{pmatrix} A_2 & \begin{matrix} 1 & 1 \\ -1 & -1 \end{matrix} \\ \begin{matrix} 1 & -1 \\ 1 & -1 \end{matrix} & A_2 \end{pmatrix} = \begin{pmatrix} 1 & 1 & 1 & 1 \\ 0 & -1 & -1 & -1 \\ 1 & -1 & 1 & 1 \\ 1 & -1 & 0 & -1 \end{pmatrix}.$$

事实上,它的 4 个行和自上往下依次为:$a_1 = 4, a_2 = -3, a_3 = 2, a_4 = -1$;它的 4 个列和自左至右依次是:$b_1 = 3, b_2 = -2, b_3 = 1, b_4 = 0$.它们确实各不相同.

不仅如此,如上所构造的 A_4 还向我们展示了构造更高阶的 6×6 数表的方法:

$$A_6 = \begin{pmatrix} A_2 & \begin{matrix} 1 & 1 & 1 & 1 \\ -1 & -1 & -1 & -1 \end{matrix} \\ \begin{matrix} 1 & -1 \\ 1 & -1 \\ 1 & -1 \\ 1 & -1 \end{matrix} & A_4 \end{pmatrix}$$

事实上,该数表的 6 个行和依次为:$6, -5, 4, -3, 2,$ -1;6 个列和则依次为:$5, -4, 3, -2, 1, 0$.

好,够了.由 A_2 到 A_4,再由 A_4 到 A_6,有着完全相似的规律,利用这个规律,我们也能由 A_{2k} 去构造出 $A_{2(k+1)}$ 来,可见我们确实已经找到了利用归纳假设的办法和实现归纳过渡的途径,剩下来的,就是只要把它们严格地写下来就行了.剩下来的工作就请读者自己去完成吧!

也有的时候,$n=1$ 的情形过于简单,人们就把观察的重点转向 $n=2$ 和 3.下面就是几个从 $n=2$ 和 $n=3$ 的情形寻求启示的例子.

【例 3】　证明,对任何非空有限集合,都可将它的所有子集排成一列,使得每两个相邻的子集,或者是前一个仅比后一个多一个元素,或者是后一个仅比前一个多一个元素.

证明　当 $n=1$ 时,$A=\{a\}$,它仅有两个子集:$\varnothing$ 与 A,怎么排都行,可见断言成立.假设 $n=k$ 时断言也成立,即可按规则将 $A=\{a_1, \cdots, a_k\}$ 的所有子集排成一列.我们要证明 $n=k+1$ 时断言也成立.现在的问题是怎样由 $n=k$ 向 $n=k+1$ 过渡呢?让我们还是来看一看 $n=2$ 和 $n=3$ 的情形吧!

$n=2$ 时,显然可将 $\{a_1, a_2\}$ 的所有子集排成

$$\varnothing, \{a_1\}, \{a_1, a_2\}, \{a_2\};$$

$n=3$ 时,当然可将 $\{a_1, a_2, a_3\}$ 的所有子集排列成

$$\varnothing, \{a_1\}, \{a_1, a_2\}, \{a_2\}, \{a_2, a_3\}, \{a_1, a_2, a_3\} \{a_1, a_3\}, \{a_3\}.$$

可以看出,$n=3$ 时的前 4 个子集与 $n=2$ 时 $\{a_1, a_2\}$ 的全部子集的排法完全相同,我们之所以这样做,也完全是为了便

于寻找归纳规律.再看看 $n=3$ 时的后 4 个子集,就可以发现,如果从这 4 个子集中都划去 a_3,则它们刚好就是前 4 个子集的逆序排列! 这难道不正好启示了我们该如何去从 $\{a_1,\cdots,a_k\}$ 的所有子集的排法出发来得出关于 $\{a_1,\cdots,a_k,a_{k+1}\}$ 的所有子集的合乎规则的排法吗? 好了,有了这种启示,我们就可以把证明过程继续下去了!

设已将 $\{a_1,\cdots,a_k\}$ 的所有的 2^k 个子集按照规则排成一列:
$$A_1,A_2,\cdots,A_{2^k},$$
于是,我们只要将 $\{a_1,\cdots,a_k,a_{k+1}\}$ 的所有子集排列如下:
$$A_1,A_2,\cdots,A_{2^k},A_{2^k}\bigcup\{a_{k+1}\},\cdots,A_2\bigcup\{a_{k+1}\},$$
$A_1\bigcup\{a_{k+1}\}$.
则不难验证这种排法确实合乎规则.所以当 $n=k+1$ 时断言也成立.于是由数学归纳法原理知,断言对一切非空的有限集合都成立.

上面的例题,正是一个如何向 $n=2$ 和 $n=3$ 的情形寻求启示的生动的例子.它告诉我们,在这两种简单的具体情形之中蕴涵着许多宝贵的启示和许多宝贵的信息.当你在从事归纳证明遇到困难的时候,就记住去认真考察它们吧! 它们一定会给你提供启示的!

【例4】 在 n 个容积相同的量杯中分别装满了 n 种不同的液体,此外还有一个容积相同的空量杯.证明,只要通过有限次混合手续,即可把它们混合成 n 杯成分相同的溶液,当然还剩有一个空量杯.

证明 当 $n = 1$ 时命题显然是成立的,因为根本就用不着混合.假设当 $n = k$ 时命题也成立,我们要来证明 $n = k + 1$ 时命题也成立.这时,我们可以运用归纳假设,假定其中有 k 杯已经混合为成分相同的溶液了.剩下的问题是如何再继续前进,完成最后一杯的混合手续.

按照老经验,我们还是来看看如何"由 2 到 3"吧!当 $n = 2$ 时,我们先可以将一杯溶液倒 1/2 到空杯中,再将另一杯溶液分别倒满这两个杯子,即可完成混合过程(图 2).当 $n = 3$ 时,我们当然可以先假定已有两杯相互混合完毕,仅仅考虑如何将第三杯混合进去的问题.一种可行的办法是:先将两杯混合过的溶液各倒 1/3 到空杯中,变成 3 个 2/3 杯成分相同的溶液(图 3),然后再将第三杯溶液分别倒满上述三个杯子,即可完成混合过程!

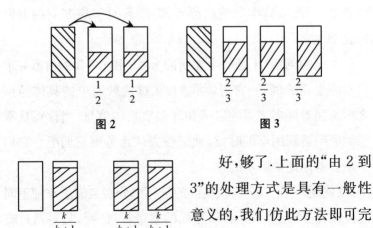

图 2   图 3

图 4

好,够了.上面的"由 2 到 3"的处理方式是具有一般性意义的,我们仿此方法即可完成由"k 到 $k + 1$"的过渡了.

当 $n = k + 1$ 时,我们假

定其中已有 k 杯相互混合为成分相同的溶液.于是只要先分别将这 k 杯溶液各倒 $\dfrac{1}{k+1}$ 到空杯中,得到 $k+1$ 个 $\dfrac{k}{k+1}$ 杯成分相同的溶液,再将剩下的一杯溶液分别倒满上述 $k+1$ 个杯子,即可完成混合过程.可见当 $n=k+1$ 时,结论也是成立的.至此,根据数学归纳法原理,即知我们已对一切正整数 n 证得了命题成立.

我们再来看两个例子.

【例 5】 设 $a_1 < a_2 < \cdots < a_n$,而 $b_1, b_2, \cdots, b_n$ 是 a_1, $a_2, \cdots, a_n$ 的一个排列.如果
$$a_1 + b_1 < a_2 + b_2 < \cdots < a_n + b_n,$$
证明,对一切 $i = 1, 2, \cdots, n$ 都有 $a_i = b_i$.

在这里,如果 $n = 1, 2$,则结论是显然的.假设对 $n = k$,结论成立;要证对 $n = k+1$,结论也成立.为了能使用归纳假设,我们需要先撇开一个数 a_j.但究竟应当撇开哪一个呢?显然,我们不能轻易地就随便撇开哪一个.这是因为关系式
$$a_1 + b_1 < a_2 + b_2 < \cdots < a_k + b_k < a_{k+1} + b_{k+1}$$
是我们考虑问题的出发点,而 $\{b_1, b_2, \cdots, b_k, b_{k+1}\} = \{a_1, a_2, \cdots, a_k, a_{k+1}\}$.这就决定了我们只能先证出其中至少有一个 j,使得 $a_j = b_j$,然后再把它们去掉.那么怎么证呢?我们还是先来看看 $n = 3$ 的情况吧!

设 $a_1 < a_2 < a_3, \{b_1, b_2, b_3\} = \{a_1, a_2, a_3\}$,且
$$a_1 + b_1 < a_2 + b_2 < a_3 + b_3.$$
如果 $b_1 \neq a_1, b_2 \neq a_2$,且 $b_3 \neq a_3$.那么,由于 a_1 最小,从而不论

$b_1 = a_2$ 还是 $b_1 = a_3$,都有 $b_1 > a_1$,及 $b_1 \geqslant a_2$.这样一来,就有

$$a_1 + a_2 \leqslant a_1 + b_1 < a_2 + b_2,$$

从而 $b_2 > a_1$,亦即 $b_2 \in \{a_2, a_3\}$.但因 $b_2 \neq a_2$,故必有 $b_2 = a_3$,从而 $b_1 = a_2$,于是只能有 $b_3 = a_1$ 了.这样一来,便有

$$a_2 + a_3 = a_2 + b_2 < a_3 + b_3 = a_3 + a_1,$$

于是得到 $a_1 > a_2$,而与已知条件矛盾了.可见我们的假设是不妥的.这就证明,在 $n = 3$ 时,确实可以先证出其中至少有一个 j,使得 $b_j = a_j$.

经过如上的一番探索,我们已对归纳的需要和现实的可能之间的关系有了一个初步的了解.现在我们就来实际地尝试一下吧!

假定在 $n = k + 1$ 时,对一切 $j = 1, 2, \cdots, k, k + 1$,都有 $a_j \neq b_j$,我们来寻找矛盾.

首先由 $a_1 \neq b_1$ 及 $a_1 < a_2 < \cdots < a_{k+1}$,知 $b_1 \in \{a_2, \cdots, a_{k+1}\}$,故有 $b_1 > a_1$.由 $n = 3$ 的证明过程可知,由 $a_1 + b_1 < a_2 + b_2, b_2 \neq a_2, b_1 > a_1$ 又可以推出 $b_2 > a_2$.不仅如此,按照同样的思路,我们还可以证明:如果对某个 $i \geqslant 2$,有 $b_i > a_i$,那么一定也会有 $b_{i+1} > a_{i+1}$.事实上,如果不然,有 $b_{i+1} \leqslant a_{i+1}$,则因 $b_{i+1} \neq a_{i+1}$.知必有 $b_{i+1} \leqslant a_i$,从而就有

$$a_{i+1} + b_{i+1} \leqslant a_{i+1} + a_i \leqslant b_i + a_i$$

(因 $b_i > a_i$,知 $b_i \in \{a_{i+1}, \cdots, a_{k+1}\}$,从而知 $b_i \geqslant a_{i+1}$),因此产生矛盾.这就表明了仍有 $b_{i+1} > a_{i+1}$.这样一来,我们实际上已完成了数学归纳法所要求的两个步骤.从而表明,如果对任何 j,都有 $b_j \neq a_j$,那么就必然对一切 j,都有 $b_j < a_j$.

但这是不可能的,这是因为$\{b_1,b_2,\cdots,b_{k+1}\}=\{a_1,a_2,\cdots,a_{k+1}\}$,从而必有某个 $b_{j_0}=a_1$,而 $a_1=\min\{a_1,a_2,\cdots,a_{k+1}\}$,故而对这个 j_0,一定有 $b_{j_0}\leqslant a_{j_0}$.这个矛盾表明了前面所作的假定不可能成立.所以一定有某个 j,使得 $b_j=a_j$.

经过如上的一番努力,我们终于为归纳过渡的实现铺平了道路.剩下的就只要先撇开这个使得 $b_j=a_j$ 的 j,并对剩下的 k 个数字运用归纳假设就行了.

【例6】 从 $2^n\times 2^n$ 的方格表中任意去掉一个小方格.证明,对任何正整数 n,且不论去掉的是哪一个小方格,剩下的部分都可以用形如图5所示的图形拼成(这种图形叫做角状形).

$n=1$ 时,命题是显然的.

为了能顺利地完成归纳过渡我们来认真考察 4×4(即 $2^2\times2^2$)的情形,既然考察的目的是为了替归纳过渡寻找规律,我们来将其分成 4 个 2×2 的方格表(图6),所去掉的那

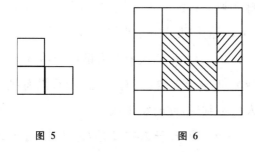

图 5   图 6

个小方格必落在其中一个之中.对于这个 2×2 方格表,问题已获解决.在剩下的 3 个 2×2 方格表中,我们按图6的方式各去掉一个小方格,使它们恰成图5的形状.于是这 3 个方格表中的问题也告解决.这种办法显然也适用于由 $2^k\times2^k$ 向

$2^{k+1} \times 2^{k+1}$ 的过渡. 剩下的工作读者即可自行完成.

【例 7】 设 $n \geqslant 3$ 为奇数. 今有 n 个同学在操场上做抛球游戏, 他们之间的距离各不相同. 听到哨音后, 每个人都把手中的球抛给离自己最近的同学. 证明, 其中必有一个同学无人抛球给他.

它与前一节的例 3 事实上是同一个题目, 不过这里要给出另一个过渡办法.

当 $n = 3$ 时, 设有 A, B, C 三个人, 他们之间的距离各不相同, 不妨设 $AB < AC < BC$. 根据抛球规则, A, B 二人互抛, C 将球抛给 A, 无人把球抛给 C, 知结论成立.

为探究由 $n = 2k - 1$ 向 $n = 2k + 1$ 过渡的路径, 我们先来看 5 个人的情况.

设这 5 个人是 A, B, C, D, E. 他们之间的距离各不相同, 所以其中一定有两个人的距离最近, 不妨设他们是 A 与 B. 根据抛球规则, A, B 二人互抛. 此时我们再来观察其余三个人 C, D, E, 把他们视为一个系统, 于是会有两种可能情形:

情形一: 在 C, D, E 三人中有人把球抛给 A 或 B, 那么该系统中的球数就少于人数(只有抛出去的, 没有抛进来的), 当然会有人得不到球, 此时结论成立;

情形二: 在 C, D, E 三人中没有人把球抛给 A 或 B, 那么该系统中的三个人之间按照规则抛球, 此时的情形与 $n = 3$ 时一模一样, 所以其中也会有人得不到球, 此时结论亦成立.

有了这种由 $n = 3$ 向 $n = 5$ 过渡的经验, 我们就可以实现由 $n = 2k - 1$ 向 $n = 2k + 1$ 的过渡了, 因为就只要比照前面来做就行了.

假设对 $k \geqslant 2$,当 $n = 2k - 1$ 时结论已经成立,即其中有一个同学无人抛球给他.我们来看 $n = 2k + 1$ 的情况.他们之间的距离各不相同,所以其中一定有两个人的距离最近,不妨设他们是 A 与 B.根据抛球规则,A,B 二人互抛.此时我们再来观察其余 $2k - 1$ 个人,把他们视为一个系统,于是会有两种可能情形:

情形一:在该系统中有人把球抛给 A 或 B,那么该系统中的球数就少于人数(只有抛出去的,没有抛进来的),当然会有人得不到球,此时结论成立;

情形二:在该系统中没有人把球抛给 A 或 B,那么该系统中的 $2k - 1$ 个人之间按照规则抛球,此时的情形与 $n = 2k - 1$ 时一模一样,根据归纳假设,其中也会有人得不到球,此时结论亦成立.

以上的几个例子,都说明了一个共同的道理,就是在归纳过渡遇到困难时,不要去盲目地拼凑,最可靠的做法还是回过头来看最初的几步,并设法从中找出规律来.这种从简单情况看起的做法,事实上正是数学工作者们处理问题的一般原则.而在与正整数 n 有关的命题中,最简单的情形便是最初的几步,一般来说,也就是 $n = 1, 2, 3$ 等等情形.正如我们所看到的,在这些最初的情形中,蕴涵着许多信息,往往对后面的归纳过渡具有启发意义.重要的问题是,我们应当带着明确的目的,认真对它们进行考察、分析,并注意从中提取出有用的信息和规律来.

4　在起点上下功夫

　　我们在前一节中强调了向起点情况讨教的重要性.因为一般来说起点情况多属于具体验证,难度通常不大,因此容易忽略其对后面归纳过渡的启发意义.但是有时,我们也会遇到一些问题,在其归纳的第一步上就很难,需要非常认真地下一番功夫.这时,往往需要开阔思路,寻找合理的切入点,有时还需用到一些其他知识.下面是一些例子.

　　【例1】　证明,对一切正整数 n,都存在正整数 x_n 和 y_n 使得

$$x_n^2 + y_n^2 = 1993^n.$$

　　当 $n=1$ 时,取 $x_1 = 43$,$y_1 = 12$ 即可,此因

$$43^2 + 12^2 = 1849 + 144 = 1993.$$

　　假设当 $n = k$ 时,存在正整数 x_k 和 y_k,使得

$$x_k^2 + y_k^2 = 1993^k,$$

那么显然就有

$$(1993 x_k)^2 + (1993 y_k)^2 = 1993^{k+2}.$$

　　足见可取 $x_{k+2} = 1993 x_k$,$y_{k+2} = 1993 y_k$.这就是说,只要 $n = k$ 时断言成立,即可推得 $n = k+2$ 断言也成立.

　　但由于我们只证明了 $n = 1$ 时断言成立,因此结合"$n = k$"⇒"$n = k + 2$",我们仅证得了 n 为奇数时的断言

成立.

为了得出 n 为偶数时的结论,我们还应证明 $n = 2$ 时的断言也成立.

注意到 $1993 = 43^2 + 12^2$,因此只要再令

$$x_2 = 43^2 - 12^2 = 1705,$$

$$y_2 = 2 \cdot 43 \cdot 12 = 1032,$$

那么就有

$$x_2^2 + y_2^2 = 1075^2 + 1032^2$$

$$= (43^2 - 12^2)^2 + 4 \cdot 43^2 \cdot 12^2$$

$$= (43^2 + 12^2)^2 = 1993^2.$$

可见当 $n = 2$ 时断言也成立. 于是结合"$n = k$"$\Rightarrow$"$n = k + 2$",便知断言对一切偶正整数 n 也都成立.

综合上述,知对一切正整数 n 断言都成立.

这个例子告诉我们:为便于归纳,可以不局限于由"$n = k$"推"$n = k + 1$"(即一步一跨),而可以因题置宜,采用大跨度跳跃,但此时应注意相应地增多起点.一般来说,采用多大跨度,就应当设多少个起点.在我们的例 1 中,跨度是 2(由"$n = k$"推"$n = k + 2$"),因此就应当有两个起点($n = 1$ 和 $n = 2$).关于这些问题我们将在下一节中详作介绍.

一般来说,起点的情况属于验证,因此通常较为容易,但也未必都是如此.就拿例 1 来说,$n = 1$ 较易验证,$n = 2$ 就不很容易了.如果我们不是利用了"勾股数"的有关性质(即如果 a, b, c 是勾股数,亦即 $a^2 + b^2 = c^2$,且如果其中任何两个数都互质,那么必有如下的关系式:

$$a = 2uv, \quad b = u^2 - v^2, \quad c = u^2 + v^2,$$

其中 u, v 为正整数,那么对 $n = 2$ 时的验证是很难完成的. (对勾股数的进一步了解,可参阅盛立人、严镇军编《从勾股定理谈起》,上海教育出版社,1985 年版.)

我们再来看一个需在奠基(起点)上下功夫的例子.

【例 2】 设正整数 $n \geqslant 5$. 共有 $2n$ 只小鸟在地上啄食,现知其中任何 n 只小鸟中都至少有 $n - 1$ 只鸟分布在同一个圆周上. 证明,其中必定至少有 $2n - 1$ 只鸟分布在同一个圆周上.

本题的归纳过渡并不难. 假定我们已经证得当 $n = k \geqslant 5$ 时结论成立,要证当 $n = k + 1$ 时结论也成立.

先自 $2(k + 1)$ 只鸟中去掉两只鸟 A 和 B. 自剩下的 $2k$ 只鸟中任意取出 k 只鸟,则易知它们中至少有 $k - 1$ 只分布在同一圆周上(事实上,这 k 只鸟连同 A,共为 $k + 1$ 只,它们中至少有 k 只分布在同一个圆周上,因此去掉 A 后,至少还应有 $k - 1$ 只在同一个圆周上),因此可对这 $2k$ 只鸟应用归纳假设(因为应用归纳假设的前提成立),知它们中至少有 $2k - 1$ 只分布在同一个圆周上. 将剩下的一只鸟记作 C.

自 S 上任取 $k - 1$ 只鸟,连同 A 和 B 共为 $k + 1$ 只,由题意知它们中至少应有 k 只鸟在同一个圆周 S_1 上. 这 k 只鸟中至少包括了 S 上的 $k - 2$ 只鸟,而 $k - 2 \geqslant 5 - 2 = 3$,3 个点决定一个圆周,可见 S_1 就是 S,即是说这 k 只鸟都在圆周 S 上. 显然,这 k 只鸟中至少包括了 A 与 B 中的一只,不妨设是 A,于是 A 也在 S 上. 再对上述 $k - 1$ 只鸟连同 B 和 C 作类似的讨论,便知 B 与 C 之一也在 S 上.这样一来,S 上至少共有 $2k+1$ 只鸟.归纳过渡完成.

现在,我们再回过头来考虑 $n=5$ 的情形,即起点情况.对这种情况的证明却非常不易,事实上,它本身就是一个难题,曾在我国 1991 年的冬令营上作为试题.

现在共有 $2n=10$ 只鸟,其中任何 5 只中都有 4 只在同一个圆周上.我们先来证明,其中至少有 5 只鸟在同一个圆周上,然后再证至少有 9 只鸟在同一个圆周上.

(1) 视 10 只鸟为平面上的 10 个点.如果其中任何 5 点都不共圆,那么每 5 个点中都至少有一个"4 点圆".由于 10 个点共可组成 $C_{10}^5=252$ 个 5 点组,因此共可作出 252 个"4 点圆"(包括重复计算).

对于每个"4 点圆",在其之外都还有 6 个点,因此该圆属于 $C_6^1=6$ 个不同的 5 点组,故实际上只有 $\dfrac{252}{6}=42$ 个不同的"4 点圆".每个圆上都有 4 个点,共有 $4\times42=168$ 个点(连同重复计算).但实际上一共只有 10 个点,$168=16\times10+8$,故由抽屉原则知,至少有一点 A 位于 17 个不同的"4 点圆"上.在这 17 个圆上,除 A 之外,每个圆上还有 3 个其他点,因此一共还有 $3\times17=51$ 个其他点.由于除 A 之外,实际上只有 9 点,而 $51=5\times9+6$,故除 A 之外,至少还有一点 B 位于其中的至少 6 个圆上.这就是说,至少有 6 个圆都经过 A 与 B 两点.在每个这样的圆上,都还有两个其他点,一共有 12 个点(连同重复计算).但因除了 A 和 B 之外,实际上只有 8 个点，因此必有一点 C 位于其中的两个圆上．这样一来，$(A,B,$ $C,D_1)$ 同属一圆，(A,B,C,D_2) 同属一圆，而这实际上是同一个圆（A,B,C 3 点所决定的圆），将其记作 S_1．于是 $A,B,$ C,D_1,D_2 同在 S_1 上，即 S_1 上至少有 5 个点．

（2）我们来证明，在 S_1 上至少有 9 个点，亦即至多有一点不在 S_1 上．

假定至少有两个点 E_1 和 E_2 都不在 S_1 上．我们来考察 5 个点 A,B,C,E_1 和 E_2．它们中有 4 个点同在一个圆 S_2 上，但因 E_1 和 E_2 都不在 S_1 上，因此 $S_2 \neq S_1$．因此 A,B,C 3 点不全在 S_2 上（否则 $S_2 = S_1$），不妨设 A 和 B 在 S_2 上，于是易知，C,D_1,D_2，都不在 S_2 上．

再考察 C,D_1,D_2,E_1,E_2 这 5 个点，其中亦有 4 个点在同一个圆周 S_3 上，同理易知 $S_3 \neq S_1$，于是 C,D_1,D_2 不全在 S_3 上，不妨设 C,D_1,E_1,E_2 在 S_3 上，于是 A,B,D_2 都不在 S_3 上．

这时，再考察 A,C,D_2,E_1,E_2 这 5 个点．它们中应当有 4 个点同在一个圆周上．但是 C,D_2,E_1,E_2 4 个点不能共圆，因此 D_2 不在由 C,E_1,E_2 所决定的 S_3 上；A,D_2,E_1,E_2 以及 A,C,E_1,E_2 也分别不能 4 点共圆，因为 D_2 和 C 都不在由 A,E_1,E_2 所决定的 S_2 上；A,C,D_2,E_1 以及 $A,C,D_2,$ E_2 也不能分别 4 点共圆，因为 E_1 和 E_2 都不在由 A,C,D_2 所决定的 S_1 上．这样一来，这 5 个点中任何 4 个点都不共圆，导致矛盾．

所以当 $n = 5$ 时，至少有 9 个点同在一个圆周上，由此完成归纳证明中的奠基过程．

这个例子告诉我们,归纳法中的奠基任务并不总是都很简单的,不仅有时很需花费一番功夫,而且有时,这一部分的证明恰恰是整个证明的精华之所在.这也说明了仅仅 $n=5$ 的情形就可以单独作为一道试题的原因.

下面再来看一个例题.

【例3】　一些球被分成了若干堆.允许任取其中两堆,当它们分别有 p 和 q 个球,且 $p \leqslant q$ 时,可自原有 q 个球的堆中取 p 个球放入原有 p 个球的堆中,将它们变为分别有 $2p$ 和 $q-p$ 个球.证明,不论开始有多少堆,都可以通过有限次上述操作,把它们并为至多两堆.

这道题是 20 世纪 60 年代北京市一道竞赛题的推广,但证明方法却大相径庭.

将开始时的堆数记作 n.当 $n=1$ 和 2 时结论显然.关键是要解决 $n=3$ 的情形.因为只要我们证得了可以将 3 堆并为至多两堆,那么归纳过渡便不难完成了(假设 $n \leqslant k$ 时断言成立,当 $n=k+1$ 时,先取其中 3 堆,经有限次操作,将它们并为至多两堆,于是总堆数变为 $n \leqslant k$).所以我们只要考虑 $n=3$ 的情形.

将 3 堆球记为 A,B,C,设它们中分别有 a,b,c 个球,且 $a \leqslant b \leqslant c$.易知,如果其中有等号成立,则只需操作一次,即可并为两堆,因此下设 $a<b<c$.

如果 $a=1$.我们将 b 展为二进制数:
$$b = b_0 + b_1 \cdot 2^1 + b_2 \cdot 2^2 + \cdots + b_t \cdot 2^t,$$
其中 $b_t=1$,而 $b_j=0$ 或 $1,j=0,1,\cdots,t-1$.

第 1 次操作:如果 $b_0 = 1$,就自 B 堆中取 1 球放入 A 堆;如果 $b_0 = 0$,就自 C 堆中取 1 球放入 A 堆.总之,此时 A 堆中变为 2 个球,而 B 堆中剩有 $\sum\limits_{j=1}^{t} b_j \cdot 2^j$ 个球.

第 2 次操作:如果 $b_1 = 1$,就自 B 堆中取 2 个球放入 A 堆;如果 $b_1 = 0$,就自 C 堆中取 2 个球放入 A 堆.总之,此时 A 堆中变为 4 个球,而 B 堆中剩有 $\sum\limits_{j=2}^{t} b_j \cdot 2^j$ 个球.

如此再进行第 $3, \cdots, t+1$ 次操作,每次都将 A 堆中的球数加倍,最终变为 2^{t+1} 个球,而 B 堆中则逐次减 $b_j \cdot 2^j (j = 0, 1, \cdots, t)$ 个球,最终变为 0,又由于 $c > b$,因此凡要在 C 堆中取球时,C 堆中总有球可取,因此上述过程总可以进行到第 $t+1$ 次.这样,我们便证得了当 $a = 1$ 时,可将球至多并为两堆(因 B 堆变为 0 个球).

假设当 $1 \leqslant a < m$ 时,断言成立,我们来看 $a = m$ 的情形.由于 $a < b < c$,故有

$$b = k_1 m + r_1, \quad c = k_2 m + r_2,$$

其中 k_1 与 k_2 为正整数,而 $0 \leqslant r_i \leqslant m-1, i = 1, 2$.

再将 k_1 展为二进制表示:

$$k_1 = b_0 + b_j \cdot 2^1 + \cdots + b_u \cdot 2^u,$$

其中 $b_u = 1$,而 $b_j = 0$ 或 $1, j = 0, 1, \cdots, u-1$.

第一次操作,如果 $b_0 = 1$ 则自 B 堆中取 m 个球放入 A 堆(A 堆中原有 $a = m$ 个球);如果 $b_1 = 0$,则自 C 堆中取 m 个球放入 A 堆.此时,A 堆中变为 $2m$ 个球,B 堆中变为

$(\sum\limits_{j=1}^{u} b_j \cdot 2^j)m + r_1$ 个球.并按此原则,作第 $2,\cdots,u+1$ 次操作.于是,最终将 A 堆变为 $2^{u+1}m$ 个球,而 B 堆中则剩下 r_1 个球.

如果 $r_1 = 0$,则已并为两堆,如果 $1 \leqslant r_1 < m$,则以 B 堆代替原来的 A 堆,于是由归纳假设知,断言仍可成立.

综合上述便知,当 $n=3$ 时断言成立.

在这个例题中,实际上是归纳中有归纳,即在验证 $n=3$ 的奠基情况时,也用到了归纳法.而且其中对归纳对象(即球数最少的堆中的球数目)的选取也是很富有启发性的.

在以上的几个例子中,功夫都主要下在起点上.而下面的一个例子,则无论是起点,还是归纳过渡,都必须狠下功夫才行.

【例4】 矩形的桌子上放着许多相等的正方形,它们的边都平行于桌子的边,并且其中任何两个都不重合.正方形被分别染成了 n 种不同的颜色.如果考察其中任何 n 个颜色各不相同的正方形,则它们之中都有某两个可以用一枚钉子钉在桌子上.证明,可以用 $2n-2$ 枚钉子把某一种颜色的正方形全都钉在桌子上.

显然,归纳的起点是 $n=2$,即要证明:"如果正方形被分别染为两种不同颜色,其中任何两个都不重合,并且每两个颜色不同的正方形都可以用一枚钉子钉在桌子上,那么就可以用两枚钉子把其中某一种颜色的正方形全部钉在桌子上."这个问题看似容易,其实不然.问题在于我们只能用两枚钉子!

　　既然每两个不同颜色的正方形都可以用一枚钉子钉在桌子上,所以每两个不同颜色的正方形都有公共内点.但是,这与我们所要证明的结论相差甚远.我们需要的是:存在两个点 A 和 B,使得每一个某种颜色的正方形都至少以其中一个点为自己的内点.为了找出这两个点,当然要利用前述的条件.但是,该怎么用呢? 为此,我们还是先来作些分析.

　　我们先任意抓住其中一个 1 号色的正方形 T.易知,现在,每个 2 号色的正方形都与 T 有公共内点(或称为相交).由于它们都不与 T 重合,所以它们都一定经过 T 的四个顶点之一,即都以 T 的四个顶点之一作为自己的内点.这就是说,只要我们在 T 的四个顶点上都钉上一枚钉子,那么就可以钉住所有 2 号色的正方形了.可是这样一来,就需要 4 枚钉子,而题目中却只允许用两枚钉子! 看来,不能"任意抓住"一个 1 号色的正方形,应当易弦更张.

　　现在设 T 是桌子上离左边边沿最近的一个正方形,不妨设它是 1 号色的.于是每个 2 号色的正方形都经它的一个顶点,但由于没有其他正方形比它更靠左,所以每个 2 号色的正方形都一定经它的两个右侧顶点 A 和 B 之一.这样,我们终于找到了所需要的下钉之处.也就证得了 $n=2$ 时命题成立.

　　看来这个问题确实不容易,光第一步就如此之难.下面再看如何归纳过渡吧.

　　假设 $n=k\geqslant 2$ 时断言成立,要证 $n=k+1$ 时断言也

成立.

显然,为了完成归纳过渡,必须利用归纳假设.因此,必须首先撇开某一种颜色的正方形不看.但是,如果我们只是简单地撇开一种颜色的正方形,那么便失去了能够利用归纳假设的前提,因为我们原先只是知道:"在任意 $k+1$ 个颜色各不相同的正方形中,一定有某两个正方形有公共的内点",而归纳假设成立的前提则是"在任意 k 个颜色各不相同的正方形中,一定有某两个正方形有公共的内点"何以能保证剩下的 k 个颜色的正方形能满足这一前提呢? 看来还必须在"如何撇开",以及"撇开哪些"上面多些斟酌.

我们仍然设 T 是桌子上离左边边沿最近的一个正方形,并不妨设它是 1 号色的.由于 T 是所有正方形中最靠左的,所以凡是同它有公共内点的正方形都可以用两枚钉子钉住.这就告诉我们,可以把所有同 T 相交的正方形都撇开.于是,我们就来撇开所有同 T 相交的正方形,再撇开所有与 T 同色的正方形(包括 T 自己)试试看吧! 现在,剩下的正方形都不是 1 号色的,而且都不与 T 相交.我们来检验一下它们是否能满足归纳假设的前提.

自剩下的正方形中任意取出 k 个颜色各不相同的正方形,注意,它们都不是 1 号色的.如果它们之中任何两个都不相交,那么,我们将正方形 T 补入它们之中,得到 $k+1$ 个颜色各不相同的正方形.于是,它们之中一定有某两个相交.但是,由于原来它们中的任何两个都不相交,所以一定是它们中的某一个与 T 相交.但这是不可能的,因为剩下的正方形

都不与 T 相交.这说明,原来它们中一定有某两个相交.好了,这就表明了剩下的正方形满足使用归纳假设的前提.

既然可以对剩下的正方形运用归纳假设,故知可以用 $2k-2$ 枚钉子把其中某一种颜色的正方形全都钉在桌子上,再结合前面所说,可以用两枚钉子把原先撇开的与 T 有交的所有正方形全都钉住.于是一共只需 $2k=2(k+1)-2=2n-2$ 枚钉子.可见,当 $n=k+1$ 时断言也成立.

这个例子不仅表明了需要在起点上下功夫,而且表明了,在实现归纳过渡时,必须认真验证使用归纳假设的前提.这一点是大家应该严格遵守的.

5 正确选取起点和跨度

我们已经知道，在数学归纳法的基本形式之下，第一步通常总是由验证 $P(n_0)$ 做起，这叫做"起步"，n_0 叫做"起点"．在通常情况下，起点一般只有一个．第二步则通常总是由 $P(k)$ 推出 $P(k+1)$，或者说是由"$n=k$"跨到"$n=k+1$"，即每次跨一步．换句话说，通常是以"跨度"1 前进，那么，这是不是说，这种安排起点和跨度的方式就一定是不能改变的呢？并不是的！人们完全可以根据问题的需要，对起点和跨度作灵活而适当的安排．不过需要注意的是，绝对不能造成逻辑上的漏洞．

我们首先来谈谈起点的奠基作用．起点是十分重要的．对起点以及起点附近的一些命题的考察，不仅可以验证 $P(n_0)$ 的成立，而且可以帮助我们发现实行归纳过渡的办法．关于这些，我们已在前两节中作了说明．我们现在要在这里谈谈起点以及起点附近的命题对于判断命题的成立与否所起的重要作用．先从一个荒谬的命题看起．

【例1】 任意 n 条直线均能重合成一条直线．

这个命题是荒谬的，当 $n=2$ 时就不能成立．但如果我们忽视了这一点，而采用如下的"证明"，那么就有可能陷于荒谬而难于解脱：

当 $n=1$ 时,命题显然成立.假设当 $n=k$ 时,命题已经成立.那么当 $n=k+1$ 时,可以先让其中 k 条直线重合为一条直线,再让这条直线同剩下的一条重合为一条直线,即知命题也可成立.所以任意 n 条直线均能重合成一条直线.

这个"证明"中的逻辑上的漏洞,就在于在进行归纳过渡时,需要用到"可将任意两条直线重合为一条直线"的论断,而这一论断却是未加证明,而且在事实上也是不能加以证明的.由此可见,认真考察起点附近的命题,并验证其成立与否,是何等之重要!

但是,是不是在每一个问题的证明中,都需要首先验证起点附近的一连贯命题 $P(n_0),P(n_0+1),P(n_0+2),\cdots$ 呢?并不是的.究竟是否需要验证以及需要验证几个,完全取决于命题自身的特点,尤其是取决于在进行归纳过渡时的需要.

【例 2】 证明,对任意给出的 n 个正方形,都可以先用直线对它们作适当的剖分,再用剖得的碎片拼成一个大的正方形.

证明 当 $n=1$ 时命题显然成立.当 $n=2$ 时,可按图 7 所示方式将两个正方形靠在一起,再沿图中虚线将它们剪开,然后就可按照图 8 所示方式将这些碎片拼成一个较大的正方形,可见命题也成立.

假设当 $n=k$ 时命题成立.那么当 $n=k+1$ 时,可将其中 k 个正方形,根据归纳假设,先剖开然后拼成一个较大的正方形.然后再将这个较大的正方形同第 $k+1$ 个正方形一同剖开,拼成一个更大的正方形.可见此时命题也成立.所以由数学归纳法原理知,命题对一切正整数 n 都成立.

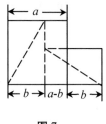

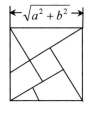

图7 图8

通览刚才的证明,可以发现对 $n=2$ 时的验证是必不可少的.这不仅是指归纳过渡时用到了这一断言,而且在事实上,在整个证明过程中,只有这一处才对正方形究竟应当如何剖分、拼接给出了实质性的回答.如果略去它们不写,那么就谁也都看不出来这些正方形究竟是怎样可以用直线剖开,然后再拼成一个大正方形的.可见这种对 $P(2)$ 的验证是必不可少的.

在高中数学课本中证明关于复数乘积的棣美弗定理时,也出现过类似的情况.

【例3】 证明,对任意 n 个复数,都有

$$r_1(\cos\theta_1 + i\sin\theta_1) \cdot r_2(\cos\theta_2 + i\sin\theta_2)\cdots r_n(\cos\theta_n + i\sin\theta_n)$$
$$= r_1 r_2\cdots r_n\big[\cos(\theta_1 + \theta_2 + \cdots + \theta_n) + i\sin(\theta_1 + \theta_2 + \cdots + \theta_n)\big].$$

当 $n=1$ 时,等式显然成立.当 $n=2$ 时,有

$$r_1(\cos\theta_1 + i\sin\theta_1) \cdot r_2(\cos\theta_2 + i\sin\theta_2)$$
$$= r_1 r_2\big[\cos\theta_1\cos\theta_2 - \sin\theta_1\sin\theta_2 + i\sin\theta_1\cos\theta_2 + i\cos\theta_1\sin\theta_2\big]$$
$$= r_1 r_2\big[\cos(\theta_1 + \theta_2) + i\sin(\theta_1 + \theta_2)\big],$$

所以等式也成立. 假设当 $n=k\geqslant 2$ 时, 等式已成立, 那么当 $n=k+1$ 时, 就有

$$r_1(\cos\theta_1+\mathrm{i}\sin\theta_1)\cdots r_k(\cos\theta_k+\mathrm{i}\sin\theta_k)$$
$$\cdot\, r_{k+1}(\cos\theta_{k+1}+\mathrm{i}\sin\theta_{k+1})$$
$$=r_1\cdots r_k[\cos(\theta_1+\cdots+\theta_k)+\mathrm{i}\sin(\theta_1+\cdots+\theta_k)]$$
$$\cdot\, r_{k+1}(\cos\theta_{k+1}+\mathrm{i}\sin\theta_{k+1}),$$

再由 $n=2$ 时的等式, 即知

$$上式=r_1\cdots r_k r_{k+1}[\cos(\theta_1+\cdots+\theta_k+\theta_{k+1})$$
$$+\mathrm{i}\sin(\theta_1+\cdots+\theta_k+\theta_{k+1})].$$

所以当 $n=k+1$ 时等式也成立. 故知对一切正整数 n, 等式都成立.

在这里, 对 $n=2$ 时命题的验证, 同样也是必不可少的. 这是一类适应归纳过渡的需要, 而增加对最初的命题验证其成立数目的情形. 我们可以把这里的 $P(1),P(2)$ 都叫做起点, 而把这里的做法叫做增多起点.

通过以上正反两方面的 3 个例题, 可以使我们对起点的奠基作用有所了解. 这些例子告诉我们, 在使用第一归纳法时, 起点不一定都只有一个, 而是应当根据归纳过渡时的需要来确定其数目.

下面再来看另外一类问题. 在这类问题中, $P(n_0)$ 不是真正的起点. 事实上, 对问题的归纳, 有时只能从某个 $n_1>n_0$ 才可以真正开始. 因此, 在这样的问题中, 我们不仅要验证 $P(n_0)$, 而且还要验证 $P(n_0+1),\cdots,P(n_1)$. 在这类问题中, 归纳假设一般还应写成"假设 $n=k\geqslant n_1$ 时命题已成立"的

形式.下面来看两个例子.

【例4】　设 n 为不小于 3 的正整数.证明,可将一个正三角形分割成 n 个等腰三角形.

证明　当 $n=3,4,5$ 时,可按图 9 所示的方式分割,知断言成立.观察 $n=5$ 时的两种方法,发现其中都分出来了一个等腰直角三角形.因此,只要再做该等腰直角三角形斜边上的中线,便可将正三角形 ABC 分成 6 个等腰三角形,且分出的三角形中仍包含有等腰直角三角形.这启发我们按如下的形式作归纳假设并进行归纳过渡:假设已将正三角形分为 $n=k\geqslant 5$ 个等腰三角形,且其中包括有等腰直角三角形,那么就只要再做该等腰直角三角形斜边上的中线,便可得到 $k+1$ 个等腰三角形,且其中仍包括有等腰直角三角形.可见断言对 $n=k+1$ 仍然成立.所以对一切正整数 $n\geqslant 3$,断言都成立.

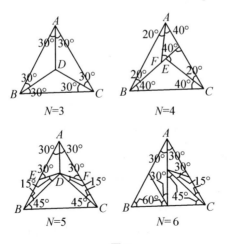

图 9

　　在如上的论证中, $n=5$ 才是真正的起点, 因为只有从它才开始起跨, 才产生出由 $n=k$ 向 $n=k+1$ 过渡的条件! 而对 $n=3$ 和 4, 只不过是一种纯粹的验证而已, 因为从它们身上得不到任何有助于归纳过渡的信息或启示. 对于这一类起点的增多, 也有人叫做起点的"后移", 看来这种称呼还是很有道理的. 在这类起点后移的证法中, 当然免不了要多验证几步的.

　　【例 5】　证明, 对任何正整数 n, 都有

$$2^n + 2 > n^2. \tag{1}$$

　　易见当 $n=1$ 时, 不等式显然成立. 按照惯例, 应当设当 $n=k$ 时不等式也成立, 即有 $2^k + 2 > k^2$, 再证 $n=k+1$ 时不等式仍成立. 但因

$$2^{k+1} + 2 - (k+1)^2$$
$$= 2(2^k + 2) - k^2 - 2k - 3, \tag{2}$$

如对其使用归纳假设, 则会得到

$$2^{k+1} + 2 - (k+1)^2 > k^2 - 2k - 3 = (k-1)^2 - 2. \tag{3}$$

为了完成归纳证明, 我们希望有 $(k-1)^2 - 2 \geqslant 0$. 但这个不等式当且仅当正整数 $k \geqslant 3$ 时成立. 这告诉我们, 只有以 $n=3$ 作为真正的起点, 才有利于起跨. 故此我们应对如上的证明作如下的修改:

　　先验证 $n=1,2,3$ 时不等式成立, 再假设当 $n=k \geqslant 3$ 时, 不等式也成立. 然后作(2)式和(3)式的演算, 证得 $n=k+1$ 时不等式也成立, 并由此完成全部的证明. 可见后移起点是完全必要的.

　　以上我们介绍了在起点方面所作的一种重要的变通形式.在这种变通形式之下,无论是起点的增多,还是起点的后移,大多是应归纳过渡的需要而作的,因此,这种变通多少是有些"被迫而作"的意味,只有极少数情况才是完全出于自愿的.

　　下面我们要来介绍起点的前移.与前不同的是,起点的前移绝大多数是为简化证明过程,而自觉自愿地作出来的.当然,起点的前移也是以不能造成逻辑上的漏洞作为前提的.

　　通常,当问题要求我们证明一列命题当 $n \geqslant n_0$ 成立时,我们总是先从验证 $n = n_0$ 入手.就是说,无论增多不增多起点,$n = n_0$ 总是最初的起点.但有时我们会碰到这样一类情况,即问题虽然仅要求我们证明当 $n \geqslant 1$ 时命题成立,但事实上当 $n = 0$ 时命题也是成立的,而且验证起来比 $n = 1$ 的情形还方便,那么我们当然就可以从 $n = 0$ 验证起,这就叫做起点的前移.一般来说,只要起点的前移做得恰当,是不会影响后面的由 $n = k$ 向 $n = k + 1$ 的过渡的,而且在简化第一步的验证运算的同时,还比问题的要求多证了一步,使得一列本来只要求"对一切正整数 n"成立的命题成为"对一切非负整数 n"都成立.真可谓是三全其美,何乐而不为哉!我们来看两个例子.

　　【例6】 设 $i^2 = -1$,证明,对一切正整数 n 都有 $1 + 2i + 3i^2 + 4i^2 + \cdots + (4n + 1)i^{4n} = 2n + 1 - 2ni$.

　　证明 按惯例,令 $n = 1$ 时,于是有

$$左 = 1 + 2i + 3i^2 + 4i^3 + 5i^4 = 3 - 2i,$$

$$右 = 2 + 1 - 2i = 3 - 2i,$$

知等式成立. 但若令 $n = 0$, 则左 = 右 = 1, 立见成效, 省去了书写上的许多麻烦, 实为上策也.

这个例题在前移起点时, 没有遇到什么麻烦, 原因是当我们在这个恒等式中以 $n = 0$ 代入时, 等式两边的含义都仍然是明确的, 没有产生什么需要作进一步解释和讨论的问题. 但有时则不然, 下面我们就来看一个例子.

【例 7】　证明, 如下的恒等式对一切正整数 n 都成立:

$$\frac{1}{2} + \cos x + \cos 2x + \cdots + \cos nx = \frac{\sin\left(n + \dfrac{1}{2}\right)x}{2\sin\dfrac{1}{2}x}.$$

这正是第 1 节中的例 1, 在那里的证法 2(即采用归纳法的证明)中, 我们是老老实实地从 $n = 1$ 验算起的. 但正如我们所看到的, 验算经过了好几步演算才完成. 这样的过程难道不能更简单一些吗?

面对这一情况, 我们当然希望能将起点前移至 $n = 0$. 但这样一来, 尽管右式的含义是明确的: 只需将 $n = 0$ 代入其中, 便知右 $= \dfrac{1}{2}$. 但左式究竟应当等于什么呢? 按我们的愿望, 希望它等于 $\dfrac{1}{2}$. 当然这也解释得通: 因为可以认为 n 表示左式中余弦项的数目, $n = 0$ 也就表示左边没有余弦项, 从而就有左 $= \dfrac{1}{2}$ 了, 而这样一来, 不费吹灰之力就验证了 $n = 0$ 时的等式,何其美哉!但也有人对此不理解,认为当 $n=0$ 时,左式不是等于 $\frac{1}{2}$,而是应当等于 $\frac{3}{2}$.原因是当将 $n=0$ 代入其中时,左 $=\frac{1}{2}+\cos 0x=\frac{1}{2}+\cos 0=\frac{3}{2}$,因此 $n=0$ 时等式是不成立的,故本题不可作起点的前移.那么究竟哪种意见对呢?我们认为前一种意见是对的.

这是因为在原来的等式中,n 是作为正整数出现的,并没有打算将 n 取作 0,所以当 $n=0$ 时,该等式究竟该作何种理解,是需要作补充定义的,而不只是简单地将 $n=0$ 代入即可完事的.那么该如何来补充定义呢?那就需要根据这一列命题相互之间的固有关系来进行考虑了.但是,我们现在的这一列命题之间的固有关系是什么呢? 如果记

$$S_n = \frac{1}{2} + \cos x + \cos 2x + \cdots + \cos nx,$$

那么即可看出

$$S_{n+1} = S_n + \cos(n+1)x. \tag{4}$$

这就是存在于这一列命题前后之间的固有关系,也是我们赖以进行归纳过渡的根本依据.既然补充 $n=0$ 是为了作归纳证明奠基的,那么理所当然地要求在 S_0 与 S_1 间也满足关系式(4),于是有

$$S_1 = S_0 + \cos x,$$

$$S_0 = S_1 - \cos x = \left(\frac{1}{2} + \cos x\right) - \cos x = \frac{1}{2},$$

由此可见第一种意见是对的.

　　总结上述经验,今后在前移起点时,应当先考证出诸如
(4)式之类的关系式,以为确定 $n = 0$ 时的命题含义提供依
据.当然这些过程可不必在卷面上写出,只要心中有数就可
以了.

　　下面我们来谈谈在跨度方面的一些变化技巧.这类技巧
一般表现为变一步一跨为大跨度跳跃,其中亦伴随有起点方
面的变化.

　　在我们所遇到的一些问题中,采用一步一跨的归纳过渡
方式显得很困难,但如果改用数步一跨,却反而容易得多.那
么在这种情况下,我们就可以改用大跨度的跳跃,数步一跨,
不过这样一来,也会引起起点方面的变化.为了不出现逻辑
上的漏洞,我们应当增多起点.一般来说,采用几步一跨,就
应当设几个起点.

　　【例8】　设 n 为不小于6的正整数,证明,可将一个正方
形分成 n 个较小的正方形.

　　证明　众所周知,一个正方形很容易等分为四个小正方
形,因此要将小正方形的数目增加3个是容易做到的,所以
我们采用跨度为3的跳跃.详细证明如下:

　　当 $n = 6, 7, 8$ 时,可按图10所示方式进行分割,所以知
命题成立.假设对某个 $n = k \geqslant 6$,已将正方形分为 k 个小正
方形,那么只要再将其中一个小正方形等分为4个更小的正
方形,即可得到 $n = k + 3$ 个小正方形.所以知命题对一切正
整数 $n \geqslant 6$ 都成立,证毕.

　　【例9】　证明,对一切正整数 n,不定方程 $x^2 + y^2 = z^n$

都有正整数解.

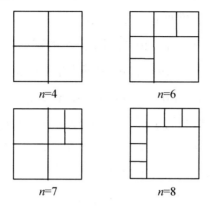

$n=4$　　　　　$n=6$

$n=7$　　　　　$n=8$

图 10

　　证明　当 $n=1$ 时,取 $x=y=1,z=2$;当 $n=2$,取 $x=3$,$y=4,z=5$,即可使它们满足方程,故知命题在 $n=1$ 和 2 时成立.

　　假定当 $n=k$ 时,$x=x_0,y=y_0,z=z_0$ 是方程的一组正整数解;那么当 $n=k+2$ 时,只要取 $x=x_0z_0,y=y_0z_0,z=z_0$,就有

$$(x_0z_0)^2+(y_0z_0)^2=z_0^2(x_0^2+y_0^2)=z_0^{k+2},$$

知它们恰为方程的一组正整数解.所以当 $n=k+2$ 时,命题也成立.

　　由于我们采用了两个起点,所以可以用跨度 2 跳跃.这表明对一切正整数 n,不定方程都有正整数解,证毕.

　　通过以上两个例题,我们已经看到,所谓大跨度跳跃,实际上就是将正整数集合分解为若干个互不相交的子集,再对每一个子集分别证明.在例 9 中,我们将正整数集合分解为

奇数集合和偶数集合这样两个子集;在例 8 中,则是将不小于 6 的全体正整数的集合分解为:

$$N_1 = \{n: n = 3m, m \text{ 为不小于 2 的正整数}\},$$
$$N_2 = \{n: n = 3m + 1, m \text{ 为不小于 2 的正整数}\},$$
$$N_3 = \{n: n = 3m + 2, m \text{ 为不小于 2 的正整数}\}.$$

这样 3 个互不相交的子集合.然后分别对这些子集合证明命题成立.正由于如此,对于每一个子集合都应当设一个起点.而且,当跨度等于 l 时,子集的个数也就有 l 个,所以起点也就应当有 l 个.这是我们在采用大跨度证法时所应当注意的.

大跨度跳跃可以使我们避开一步一步推进时所遇到的困难,采用最有利最方便的步伐向前推进,因此使用得也很广泛.下面再来看两个例子.

【例 10】 再证本节的例 4.

在前面所给的证法中,我们是采用一步一跨向前推进时,在那里我们依靠的是等腰直角三角形的性质,因此精心设计了两种 $n = 5$ 时的分法,并且以 $n = 5$ 作为真正的起点.在这里,我们要来给出两种大跨度的证法.

证法 2 通过观察,我们发现可对 $n = 3$ 和 $n = 4$ 的情形按照图 11 所示的办法划分三角形.我们注意到在这些分法中,都出现了形如图 12 的等腰三角形(顶角为 $120°$,底角为 $30°$).对于这种等腰三角形,是可按图 12 所示的分法分成 3 个等腰三角形的;其中有一个为等边三角形,其余两个则都是顶角为 $120°$,底角为 $30°$ 的等腰三角形.从而这样的划分过程又可以继续下去,直到得到我们所需要的数目为止.这就告诉我们:可以分别以 $n=3$ 和 $n=4$ 的如上分法作为起点,以图 12 的方式按跨度 2 迈进,得到任何需要数目的等腰三角形.可见命题对一切 $n \geqslant 3$ 都成立.

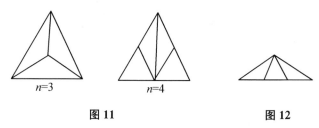

图 11　　　　　　　　　　　　　图 12

　我们不仅可以以跨度 2 迈进,而且还可以以跨度 3 向前推进.这就是下面的证法了.

　证法 3　对 $n=3$,仍按图 9 的方式划分.对于 $n=4,5,6$,则按图 13 的方式划分.显然,在按这些方式所分出的等腰三角形中,都至少有一个是等边三角形.对于等边三角形,则只要仍按图 13 中 $n=4$ 的分法,就又可以分成 4 个等边三角形,这样的过程可以一直继续下去,每次都可以使所分出的等腰三角形增加 3 个.这就是说,我们可以分别以 $n=4,5,6$ 为起点,以跨度 3 迈进,得到我们所希望的任何数目的等腰三角形.可见命题对一切 $n \geqslant 3$ 都能成立.

图 13

就这样,连同例 4 所给出的方法,我们一共给出了本例的三种不同证法,它们分别是以跨度 1,跨度 2 和跨度 3 前进的.

上面我们讨论了正方形划分为小正方形,等边三角形划分为等腰三角形的问题,下面我们再来看一个凸多边形划分为凸五边形的例子.

【例 11】　证明,任意凸 n 边形能够分割成一些凸五边形,其中 $n \geqslant 6$.

我们来从 $n=5$ 看起.对于 $n=5$,命题显然成立.对于 $n=6$ 和 7,可按图 14 所示的方式分割.假设对 $n=3k,3k-1$ 和 $3k-2$ 均可分割成功.那么,当 $n=3(k+1),3(k+1)-1$ 和 $3(k+1)-2$ 时,可以先割下一个凸五边形,该凸五边形的顶点是原来凸多边形的 5 个连续的顶点,于是凸多边形的边数便比原来减少了 3 边,从而由归纳假设知命题成立.

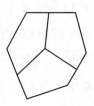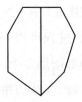

图 14

最后,我们要来说一说前移起点中应当注意的一个问题.在例 6 和例 7 中,我们都把起点由 $n=1$ 前移到了 $n=0$,不仅收到了简化书写的功效,而且不影响后面的归纳过渡,因此我们可以说"何乐而不为"?但是,如果这种前移会影响后面的归纳过渡,则是"万万不可为"的! 我们来看一个例子.

【例 12】 设 $0 < x \leqslant \dfrac{\pi}{2}$,证明,对一切正整数 n 都有

$$\cot\frac{x}{2^n} - \cot x \geqslant n.$$

本题的常规做法是:当 $n = 1$ 时,有

$$\cot\frac{x}{2} - \cot x = \frac{1+\cos x}{\sin x} - \frac{\cos x}{\sin x} = \frac{1}{\sin x} \geqslant 1,$$

知此时不等式成立. 假设 $n = k$ 时不等式已成立,那么,当 $n = k+1$ 时,我们有

$$\cot\frac{x}{2^{k+1}} - \cot x = \left(\cot\frac{x}{2^{k+1}} - \cot\frac{x}{2^k}\right) + \left(\cot\frac{x}{2^k} - \cot x\right).$$

由于当 $0 < x \leqslant \dfrac{\pi}{2}$ 时,有 $0 < \dfrac{x}{2^k} \leqslant \dfrac{x}{2^{k+1}} < \dfrac{\pi}{2}$,所以由已经证明了的 $n = 1$ 时的结论,得知

$$\cot\frac{x}{2^{k+1}} - \cot\frac{x}{2^k} \geqslant 1,$$

而由归纳假设可知

$$\cot\frac{x}{2^k} - \cot x \geqslant k,$$

将上述两式相加,即得

$$\cot\frac{x}{2^{k+1}} - \cot x \geqslant 1 + k = k+1.$$

所以不等式在 $n = k+1$ 时也成立.

上述证明过程并不复杂,写起来也不用花费多少笔墨,所以用不着前移起点. 而且,由于在归纳过渡时本质地用到了 $n = 1$ 时的结论,所以如果硬要把起点由 $n = 1$ 前移到 $n = 0$,反而会"弄巧成拙",使得归纳过渡缺乏必要的基础.

6 选取适当的归纳假设形式

我们已经知道,在数学归纳法的基本形式中,归纳假设总是以"假设当 $n = k$ 时,命题成立"的形式出现的.其实,这并不是归纳假设的唯一形式.

通过仔细分析第 1 节中对于归纳法原理的证明过程,不难发现,如果将归纳假设改写成"假设当 $n \leqslant k$ 时,命题成立",那里的证明仍可通得过.这就告诉我们,在必要的时候,可以将归纳假设中的" $n = k$ "改写为" $n \leqslant k$ ".事实上,在对很多问题的证明中,人们就是这么做的.有些人还把采用这种假设形式的数学归纳法称作**第二归纳法**.

第二归纳法可以在许多问题的证明中为我们带来方便.下面来看一些例子.

下面是一个与覆盖有关的问题,这类问题在竞赛中也是经常出现的.

【例1】 用 1×3 和 1×1 的矩形覆盖 $n \times n (n \geqslant 3)$ 的正方形,但要求尽可能少地使用 1×1 的矩形.证明,对任何 $n \geqslant 3$,都可以至多用到 1 个 1×1 的矩形.

$n = 3$ 的情形可以用 3 个 1×3 的矩形完成覆盖,根本用不着 1×1 的矩形,知命题成立.对 $n = 4$ 和 5,可按图 15 所示的方式覆盖,知命题也成立.

假设对一切 $3 \leqslant n \leqslant k$,命题都成立.那么当 $n = k + 1$ 时,可以按图 16 的方式,先用一些 1×3 的矩形覆盖掉一部分.对于剩下的 $(k-2) \times (k-2)$ 正方形,即可由归纳假设知命题也成立了.所以对一切 $n \geqslant 3$,命题都成立.

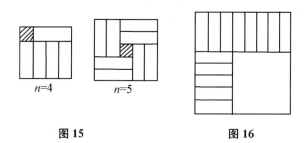

$n=4$　　$n=5$

图 15　　　　　　　　　**图 16**

大家已经看到,我们在这里实际上是按跨度 3 迈进的.但是采用"$n \leqslant k$"的假设方式后,书写起来就更加方便了.对于前一节采用大跨度跳跃的例题,也都可以这样处理.而且严格说起来,凡采用大跨度跳跃来解决的问题,都应当采用这样的书写方式.

【例 2】 设 $p(x) = a_0 + a_1 x + \cdots + a_n x^n$ 是 n 次实系数多项式.证明,当 $a \geqslant 3$ 时,下列 $n+2$ 个数中至少有一个不小于 1:$|a^0 - p(0)|$,$|a^1 - p(1)|$,$|a^2 - p(2)|$,$\cdots$,$|a^{n+1} - p(n+1)|$.

证明 若 $n = 0$,则有 $p(x) \equiv a_0$.所以如果 $|a^0 - p(0)| = |1 - a_0|$ 与 $|a - p(1)| = |a - a_0|$ 都小于 1,则就有

$$|a - 1| = |a - a_0 + a_0 - 1| \leqslant |a - a_0| + |1 - a_0| < 2,$$

但我们却有 $a \geqslant 3$.上述两件事实是矛盾的,故知 $|a_0 - p(0)|$ 同 $|a^1 - p(1)|$ 中至少有一个不小于 1.因而当 $n = 0$ 时命题成立.

假设当 $n \leqslant k$ 时命题成立,要证 $n = k + 1$ 时命题也成立.为了能利用归纳假设,我们来构造一个辅助多项式:

$$q(x) = \frac{1}{a-1}[p(x+1) - p(x)].$$

不难看出,$q(x)$ 中不含有高于 k 次的项,因此是不超过 k 次多项式(x^k 的系数也有可能为零,此时即为低于 k 次的多项式).于是由归纳假设知,存在某个 $j : 0 \leqslant j \leqslant k$,使得 $|a^j - q(j)| \geqslant 1$.也就是说,有 $\left| a^j - \frac{1}{a-1}[p(j+1) - p(j)] \right| \geqslant 1$,也就是

$$1 \leqslant \frac{1}{a-1} |a^j(a-1) - [p(j+1) - p(j)]|$$

$$\leqslant \frac{1}{a-1}[|a^{j+1} - p(j+1)| + |a^j - p(j)|].$$

由于 $a \geqslant 3$,从而 $a - 1 \geqslant 2$,故而上式表明有

$$|a^{j+1} - p(j+1)| + |a^j - p(j)| \geqslant 2,$$

当然也就有

$$\max(|a^{j+1} - p(j+1)|, |a^j - p(j)|) \geqslant 1.$$

这就说明了,当 $n = k + 1$ 时断言也成立.所以对任何实系数多项式 $p(x)$,命题中的断言都能成立.

在这里,我们通过构造 $q(x)$ 来降低多项式的次数,正是为了替使用归纳假设创造条件.但由于 $q(x)$ 的次数有可能低于 k 次,所以不宜采用"$n = k$"的假设形式.

下面来看一个关于斐波那契数列的问题.大家已经知道,所谓斐波那契数列,就是按照法则

$$F_1 = F_2 = 1, \quad F_{n+2} = F_{n+1} + F_n \quad (n \geqslant 1)$$

所定义的数列.它的许多性质都是相当有趣的.斐波那契数列中的每一个数都叫做一个斐波那契数.下面的问题即与斐波那契数有关.

【例3】 证明,每一个正整数都可以表示成互不相同的斐波那契数之和.

$n = 1$ 时,有 $1 = F_1$,知命题成立.假设当 $n \leqslant k$ 时,命题成立.要证对 $n = k + 1$,命题也成立.也就是要证明 $k + 1$ 可以表示成不同的斐波那契数之和.

注意到从 F_3 开始,斐波那契数列严格单调上升.故知存在 m,使 $F_m \leqslant k + 1 < F_{m+1}$.如果 $k + 1 = F_m$,则命题已成立;如果 $k + 1 > F_m$,则有 $0 < k + 1 - F_m \leqslant k$.由于 $k + 1 - F_m$ 是一个不超过 k 的正整数,所以由归纳假设知,对其有命题成立,即可将它表示成互不相同的斐波那契数之和.又因为

$$k + 1 - F_m < F_{m+1} - F_m = F_{m-1},$$

故知用以表示 $(k + 1 - F_m)$ 的斐波那契数均小于 F_{m-1},因此都不与 F_m 相同.当将 $k + 1$ 写成 F_m 与这些数的和之后,即得到了 $n = k + 1$ 时的命题,可见对 $n = k + 1$ 命题也成立.所以对一切正整数 n,命题都成立.

在这里,由于我们是对 $(k + 1 - F_m)$ 使用归纳假设,而 $(k + 1 - F_m)$ 并不一定就等于 k,而是有可能小于 k 的,所以若再采用"$n = k$"的归纳假设形式就显得不方便了.

【例4】 设 $0 = a_1 \leqslant a_2 \leqslant \cdots \leqslant a_n$,且对 $1 \leqslant i \leqslant n$ 有

$$a_i \leqslant a_1 + a_2 + \cdots + a_{i-1} + 1 \quad (设 a_0 = 0).$$

证明,对于区间 $[0, a_1 + a_2 + \cdots + a_n)$ 中的任意一个 y,总可

以从 $a_1, a_2, \cdots, a_n$ 中找出一组数 $a_{i_1}, a_{i_2}, \cdots, a_{i_m}$（$i_1 > i_2 > \cdots > i_m$），使之满足

$$y - 1 < a_{i_1} + a_{i_2} + \cdots + a_{i_m} \leqslant y.$$

证明　当 $n = 1$ 时,命题显然成立.

假设当 $n \leqslant k$ 时,命题成立;则当 $n = k + 1$ 时,因为

$$a_{k+1} + a_k + \cdots + a_1 > y, \tag{1}$$

而

$$a_1 = 0 \leqslant y, \tag{2}$$

所以在数字 $a_1, a_1 + a_2, \cdots, a_1 + a_2 + \cdots + a_k$ 以及 $a_1 + a_2 + \cdots + a_k + a_{k+1}$ 中,一定有一个数大于 y,而在它之前的数都不大于 y. 设

$$a_{i_1} + a_{i_1 - 1} + \cdots + a_1 > y, \tag{3}$$

而

$$a_{i_1 - 1} + a_{i_1 - 2} + \cdots + a_1 \leqslant y. \tag{4}$$

那么,如果 $a_{i_1 - 1} + a_{i_1 - 2} + \cdots + a_1 > y - 1$,则 $a_{i_1 - 1}, a_{i_1 - 2}, \cdots, a_1$ 就是命题中所要求的一组数. 不然的话,就有

$$a_{i_1 - 1} + a_{i_1 - 2} + \cdots + a_1 \leqslant y - 1, \tag{5}$$

但已知

$$a_{i_1} \leqslant a_{i_1 - 1} + a_{i_1 - 2} + \cdots + a_1 + 1, \tag{6}$$

所以由(5)、(6)可得 $a_{i_1} \leqslant y$.

结合(3)、(7)知 $y - a_{i_1} \in [0, a_1 + a_2 + \cdots + a_{i_1 - 1})$,于是可对 $y - a_{i_1}$ 使用归纳假设,知存在 $a_{i_2}, a_{i_3}, \cdots, a_{i_m}$（$i_1 > i_2 > \cdots > i_m$）,使得

$$y - a_{i_1} - 1 < a_{i_2} + a_{i_3} + \cdots + a_{i_m} \leqslant y - a_{i_1}.$$

即有
$$y-1<a_{i_1}+a_{i_2}+\cdots+a_{i_m}\leqslant y.$$
所以当 $n=k+1$ 时,命题也成立.由数学归纳法原理知,对任何正整数 n,命题都成立.

在这里,我们是对 i_1-1 使得归纳假设,其值不一定为 k,所以应当采用"$n\leqslant k$"的假设形式.

【例5】 已知对一切正整数 $n,a_n>0$,且
$$\sum_{j=1}^{n}a_j^3=\left(\sum_{j=1}^{n}a_j\right)^2.$$
证明,$a_n=n$.

当 $n=1$ 时,由 $a_1^3=a_1^2$ 及 $a_1>0$,知 $a_1=1$,命题成立.假设当 $n\leqslant k$ 时,命题已成立,即有 $a_j=j,j=1,2,\cdots,k$.要证也有 $a_{k+1}=k+1$.

此时,一方面我们有
$$a_1^3+a_2^3+\cdots+a_k^3+a_{k+1}^3$$
$$=(a_1+a_2+\cdots+a_k)^2+a_{k+1}^3;$$
另一方面,我们又有
$$a_1^3+a_2^3+\cdots+a_k^3+a_{k+1}^3$$
$$=(a_1+a_2+\cdots+a_k+a_{k+1})^2$$
$$=(a_1+a_2+\cdots+a_k)^2+2a_{k+1}(a_1+a_2+\cdots+a_k)+a_{k+1}^2.$$
比较上述两式,即得
$$a_{k+1}^3=2a_{k+1}(a_1+a_2+\cdots+a_k)+a_{k+1}^2.$$
将 $a_1=1,a_2=2,\cdots,a_k=k$ 代入其中,得到
$$a_{k+1}^3=k(k+1)a_{k+1}+a_{k+1}^2.$$
又因 $a_{k+1}>0$,故由上式可得

$$a_{k+1}^2 - a_{k+1} - k(k+1) = 0.$$

解此方程,得到 $a_{k+1} = k+1$ 或 $a_{k+1} = -k$. 由于 $a_{k+1} > 0$,知 $a_{k+1} = -k$ 不合题意. 因此 $a_{k+1} = k+1$. 从而知 $n = k+1$ 时,命题也成立. 所以对一切正整数 n,都有 $a_n = n$.

同前几个例子一样,这里采用"$n \leqslant k$"的假设的理由也是一目了然的. 事实上,在通过方程求解 a_{k+1} 的过程中,我们首先遇到的是化简方程的问题. 而这里面首先就是一个对 $a_1 + a_2 + \cdots + a_k$ 求和的问题. 为了求出这个和数,离开了"命题已对 $n \leqslant k$ 全都成立"的假设,当然是不好处理的.

另外,本例通过两个不同的角度来运用问题的条件,并由此而得出关于 a_{k+1} 的方程式的处理手法也是颇为新颖的.

【例 6】 考察所有具有如下性质的有序数组:(1)这些数组都由互不相同的正整数组成;(2)这些数组的最末一项都是 n,而且其中每一项都不小于它前面一项的平方;(3)各个数组所包含的项数可多少不一,但至少要有一项. 证明,满足以上性质的数组的数目不超过 n 个.

为了能理清思路,我们先来多观察一些具体情况.

$n = 1$ 时,仅有 1 个数组:$\{1\}$;记作 $S_1 = 1$.

$n = 2$ 时,有 2 个:$\{2\}$,$\{1,2\}$;故有 $S_2 = 2$.

$n = 3$ 时也有 2 个:$\{3\}$,$\{1,3\}$;故有 $S_3 \leqslant 3$.

$n = 4$ 时,有 4 个:$\{4\}$,$\{1,4\}$,$\{2,4\}$,$\{1,2,4\}$;所以有 $S_4 = 4$.

....

$n = 16$ 时,有 $S_{16} = 10 < 16$,这 10 个数组是:

$$\{16\}, \quad \{2,16\}, \quad \{3,16\}, \quad \{4,16\},$$

$$\{1,2,16\}, \quad \{1,3,16\}, \quad \{1,4,16\},$$

$$\{1,16\}, \qquad\qquad\qquad \{2,4,16\},$$

$$\{1,2,4,16\}.$$

通过以上的观察,我们可以受到很多启发.就拿 $n=16$ 时的 10 个数组来说吧,除了那个仅由一个 16 组成的数组外,其余的 9 个数组被分成了 4 类.如果分别抹去这 9 个数组的最后一项,它们就分别变成了 $n=1, n=2, n=3$ 和 $n=4$ 时的全部数组.因此有

$$S_{16} = 1 + S_1 + S_2 + S_3 + S_4 \leqslant 1 + 1 + 2 + 3 + 4 = 11 \leqslant 16.$$

这个发现是具有规律性的,它可以从数组的构成法则中得到解释,因此,它启发我们采用如下的证法.

$n=1,2$ 时,命题显然成立.假设当 $2 \leqslant n < k$ 时,命题均已成立.我们来考察 $n=k$ 时的数组数目 S_k.显然,除了一个数组 $\{k\}$ 仅由 k 一个数字组成之外,其余数组均由不少于两个数字组成.抹去这些数组中的最后一项 k,我们就得到了 $n=1, n=2, \cdots, n=[\sqrt{k}]$ 时的全部数组.因此有

$$S_k = 1 + S_1 + S_2 + \cdots + S_{[\sqrt{k}]}$$

$$\leqslant 1 + 1 + 2 + \cdots + [\sqrt{k}] = 1 + \frac{[\sqrt{k}]([\sqrt{k}]+1)}{2}$$

$$\leqslant \frac{1}{2}(\sqrt{k})^2 + (\sqrt{k}+2) = \frac{1}{2}(k + \sqrt{k} + 2) \leqslant k.$$

可见命题对 $n=k$ 也成立,其中 $[\alpha]$ 表示实数 α 的整数部分.所以对一切正整数 n,命题都成立.

在这里,我们采用了"$2 \leqslant n < k$"的归纳假设形式,是为了叙述的方便.不难看出,用"$n < k$"代替"$n \leqslant k$",从逻辑上说,也是没有漏洞的.人们仍把这种形式归于第二归纳法.

第二归纳法在几何问题中多有应用,下面来看几个例子.

【例 7】 设凸多边形可被它的具备如下性质的对角线分成若干个三角形:

(1) 从每个顶点所引出的对角线都是偶数条;

(2) 每两条对角线除顶点外没有其他公共点.

证明:该凸多边形的边数 n 是 3 的倍数.

证明 在证明问题本身之前,我们先来证明一个引理,或者叫做辅助命题,该命题如下:

引理 如果在 n 边形 $A_1 A_2 \cdots A_n$ 中作了若干条对角线,并且从顶点 $A_1, A_2, \cdots, A_{n-1}$ 所引出的都是偶数条对角线,那么从顶点 A_n 所引出的对角线也一定是偶数条.

证明 设从顶点 A_j 引出了 k_j 条对角线,$j = 1, 2, \cdots, n$. 按已知条件 $k_1, \cdots, k_{n-1}$ 都是偶数.现因每条对角线都恰好连接两个顶点,所以 $k_1 + k_2 + \cdots + k_{n-1} + k_n$ 是偶数,从而 k_n 也是偶数.

现证问题本身.

当 $n = 3$ 时,命题显然正确.现设 $n = k$ 是某个大于 3 的正整数.我们假设当 $3 \leqslant n < k$ 时,命题都已正确,要证 k 也是 3 的倍数.

将凸 k 边形中参与将它分为三角形且满足题目条件的

对角线的集合记作 P. 设从该凸 k 边形的顶点 A 至少引出了两条属于 P 的对角线. 我们来从中选出两条对角线 AB 和 AC, 使得在 $\angle A_1 AB$ (图 17) 内部含有偶数条由顶点 A 引出的属于 P 的对角线, 而在 $\angle BAC$ 内部没有这样的由 A 引出的对角线, 于是对角线 BC 属于 P.

现在研究多边形 $AA_1\cdots B$. 由它的每个顶点 (B 点可能例外) 都引出了偶数条属于 P 的对角线. 但由已证明的引理, 从顶点 B 也一定引出了偶数条属于 P 的对角线. 类似的推理对于多边形 $BB_1\cdots C$

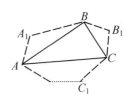

图 17

和 $CC_1\cdots A$ 也都成立. 注意到多边形 $AA_1\cdots B, BB_1\cdots C$ 和 $CC_1\cdots A$ 的边数都小于 k, 所以由归纳假设知它们的边数都是 3 的倍数, 于是这三个多边形的边数合起来也是 3 的倍数, 但这个数字刚好是原凸 k 边形的边数加上 AB, BC, CA 这 3 条线段所得, 即为 $k+3$, 所以 k 也是 3 的倍数. 由数学归纳法原理知命题证毕.

在上述证明中, 我们是将原来的凸 k 边形一裂为四, 得到一个三角形 ABC 和三个多边形, 然后通过引理验证三个多边形都符合题设条件, 再对它们分别应用归纳假设. 由于对这三个多边形的边数无法预先作出确切的估计, 所以此处只宜于采用"设当 $3 \leqslant n < k$ 时命题均已成立"的假设形式, 而不宜于采用第一归纳法.

我们再来看一个较为复杂的例子, 除了归纳技巧之外,还可以从中看到近代数学中的一些常用方法.

【例 8】 已知空间中有一个棱长为 a 的立方体及几个半径任意的球 $B_1, B_2, \cdots, B_n$, 现知立方体的每个点都属于这些球之一. 证明, 从这几个球中可以选出一些两两不相交的球, 它们的体积之和不小于 $\left(\dfrac{a}{3}\right)^3$.

在证明之前, 我们先来介绍两个概念. 一个包括球壳的球, 我们称为一个闭球; 一个不包括球壳的球, 我们称为一个开球. 所以一个半径为 r 的开球, 就是所有到球心的距离小于 r 的点的集合. 例 8 的命题是下述更为广泛的命题的特殊情况:

设空间图形 F 的体积是 V, 而且 F 含于 n 个开球 B_1, $B_2, \cdots, B_n$ 的并集之中, 那么存在开球的子集 $\{B_{i_1}, B_{i_2}, \cdots, B_{i_m}\}$, 这些球两两不相交, 且体积之和大于 $\dfrac{1}{27}V$.

我们来用数学归纳法证明这个一般性命题.

证明　当 $n = 1$ 时命题显然正确. 因为球 B_1 含有体积为 V 的图形 F, B_1 的体积自然不会小于 V, 从而大于 $\dfrac{1}{27}V$.

现设命题对 $n \leqslant k$ 个开球成立, 要证明它对 $k+1$ 个开球也成立.

设体积为 V 的图形 $F \subset \bigcup\limits_{j=1}^{k+1} B_j$. 不失一般性, 我们设球 B_{k+1} 的体积 V_{k+1} 不小于其余各球的体积. 设球 B_{k+1} 的半径是 r, 我们再做一个球 B', 使 B' 的半径是 $3r$ 且与 B_{k+1} 同心. 这样球 B' 的体积 $V' = 27V_{k+1}$. 将图形 $F_0 = F \backslash B'$ 的体积记

作 V_0. 由于 F_0 与 B' 无公共点,且 $F \subset F_0 \bigcup B'$, 故知有 $V \leqslant V_0 + 27 V_{k+1}$.

又显见 $F_0 \subset \bigcup\limits_{j=1}^{k} B_j$. 不失一般性,我们假设对某个 $1 \leqslant k_0 \leqslant k$, 球 $B_1, B_2, \cdots, B_{k_0}$ 都与 F_0 有公共点,而球 B_{k_0+1}, $B_{k_0+2}, \cdots, B_k$ 都不与 F_0 相交(即无公共点). 于是 $F_0 \subset \bigcup\limits_{j=1}^{k_0} B_j$. 由于 $k_0 \leqslant k$, 所以由归纳假设知,存在 $B_1, B_2, \cdots, B_{k_0}$ 的一个子集 $\{B_{i_1}, B_{i_2}, \cdots, B_{i_s}\}$, 其中各球两两不相交,其体积之和大于 $\frac{1}{27} V_0$, 亦即大于 $\frac{1}{27} V - V_{k+1}$.

又注意到开球 B_{k+1} 的中心与图形 F_0 上任何一点的距离都不小于 $3r$, 所以开球 B_{k+1} 的任何一点与 F_0 的任何一点的距离不小于 $2r$. 注意到球 $B_1, B_2, \cdots, B_{k_0}$ 的直径都不大于 B_{k+1} 的直径即 $2r$, 故知 $B_1, B_2, \cdots, B_{k_0}$ 都不与 B_{k+1} 相交. 因此, $\{B_{i_1}, B_{i_2}, \cdots, B_{i_s}, B_{k+1}\}$ 中的各球两两不相交,且它们的体积之和大于 $\left(\frac{1}{27} V - V_{k+1}\right) + V_{k+1} = \frac{1}{27} V$.

可见结论对 $n = k + 1$ 也成立. 由数学归纳法原理知,所要证明的命题对任何正整数 n 都成立,证毕.

在使用第二归纳法时,也有一个需要重视起点的奠基作用的问题. 在这里,同在使用第一归纳法时一样,如果不注意起点的奠基作用,也是会陷于荒谬而难以解脱的境地. 下面就是一个反例.

【反例】　证明,对任何非负整数 n 及非 0 实数 a, 都

有 $a^n = 1$.

这个命题显然是荒谬的,但如果不注意起点的奠基作用,就很难说出如下"证明"中的似是而非之处:

$n = 0$ 时,本命题成立.假设当 $n \leqslant k$ 时命题均已成立,那么当 $n = k + 1$ 时,我们就有

$$a^{k+1} = a^k \cdot a = a^k \cdot \frac{a^k}{a^{k-1}} = 1 \cdot \frac{1}{1} = 1,$$

因此命题也成立.

但实际上,这个"证明"在由 $n = 0$ 向 $n = 1$ 过渡时,是根本无法通过的!

除了"$n \leqslant k$"或"$n < k$"的假设形式之外,数学归纳法中还有一些其他的假设形式.其中较为常用的一种是:"假设命题已对 $n = k$ 和 $k - 1$ 成立",要让命题也对 $n = k + 1$ 成立.这是因为在许多问题中,$n = k + 1$ 时的命题往往仅同 $n = k$ 和 $k - 1$ 时的命题有关,例如本节中的例 4 就是如此.对于这样一类问题,当然就可以而且也应当采用这种假设形式.

不过,在采用"$n = k$ 和 $k - 1$"的归纳假设形式时,我们就已经在事实上承认了"至少已有两个连续的正整数可使命题成立",因此在验证最初的命题时,就不仅要验证 $P(n_0)$ 成立,而且也要验证 $P(n_0 + 1)$ 成立.这是与采用以往所述的假设形式时所不同的.

下面来看一些例子.

我们已经知道,斐波那契数列的每一项都是正整数,但是斐波那契数列的通项公式的形式却是大为出人意料的,它

竟然可以写成

$$F_n = \frac{\sqrt{5}}{5}(a^n - b^n),$$

其中 $a = \frac{1}{2}(1+\sqrt{5}), b = \frac{1}{2}(1-\sqrt{5})$.

因此在人们刚刚推得这一结果时,不能不狐疑满腹:难道这样一个由无理数所表出的公式,果真会是一个由正整数所组成的数列的通项公式吗? 好吧! 现在就来让我们用数学归纳法来证明一下吧!

【例9】 证明,对任何正整数 n,由上面的公式所定义的数 F_n 都是正整数.

证明 当 $n=1$ 和 2 时,有 $F_1=1, F_2=1$,知断言成立. 假设当 $n=k$ 和 $k-1$ 时,F_k 和 F_{k-1} 都是正整数,则当 $n=k+1$ 时,我们有

$$F_{k+1} = \frac{\sqrt{5}}{5}(a^{k+1} - b^{k+1})$$

$$= \frac{\sqrt{5}}{5}(a^{k+1} - ab^k + a^k b - b^{k+1} + ab^k - a^k b)$$

$$= \frac{\sqrt{5}}{5}(a^k - b^k)(a+b) - \frac{\sqrt{5}}{5}(a^{k-1} - b^{k-1})ab$$

$$= \frac{\sqrt{5}}{5}(a^k - b^k) + \frac{\sqrt{5}}{5}(a^{k-1} - b^{k-1})$$

$$= F_k + F_{k-1},$$

知 F_k 也是正整数. 所以对一切正整数 n,F_n 都是正整数.

事实上,在上述推理中,我们得到的关系式 $F_{k+1} = F_k +$

F_{k-1} 正是斐波那契数列赖以定义的递推公式. 但是我们是由前述的由无理数表述的 F_n 的公式中推出这个递推关系式的. 这一事实本身, 再加上已经验证的 $F_1 = F_2 = 1$, 都表明了前述的公式的确是斐波那契数列的通项公式.

【例 10】 设 x_1, x_2 是方程 $x^2 - (p+1)x + 1 = 0$ 的两个根, 其中 $p \geqslant 3$ 为正整数. 证明, 对任何正整数 n, $x_1^n + x_2^n$ 都是一个不能被 p 整除的整数.

证明　根据韦达定理知 $x_1 + x_2 = p + 1, x_1 x_2 = 1$. 故知 $x_1^2 + x_2^2 = (p+1)^2 - 2 = p^2 + 2p - 1$, 从而知当 $n = 1$ 和 2 时, $x_1^n + x_2^n$ 都是不能被 p 整除的整数.

假设 $n = k$ 和 $k-1$ 时, $x_1^n + x_2^n$ 都是整数, 于是由

$$\begin{aligned} x_1^{k+1} + x_2^{k+1} &= (x_1 + x_2)(x_1^k + x_2^k) - x_1 x_2 (x_1^{k-1} + x_2^{k-1}) \\ &= (p+1)(x_1^k + x_2^k) - (x_1^{k-1} + x_2^{k-1}), \end{aligned} \tag{8}$$

知 $x_1^{k+1} + x_2^{k+1}$ 也是整数. 故知对一切正整数 n, $x_1^n + x_2^n$ 都是整数.

下面我们还要来证明对一切正整数 n, $x_1^n + x_2^n$ 都不能被 p 整除. 为此我们要来运用"加大跨度、增多起点"的技巧.

在(8)中以 $k+3$ 代 $k+1$, 可得

$$x_1^{k+3} + x_2^{k+3}$$

$$= p(x_1^{k+2} + x_2^{k+2}) + [(x_1^{k+2} + x_2^{k+2}) - (x_1^{k+1} + x_2^{k+1})],$$

再在上式中以 $k+2$ 代 $k+3$, 可得

$$x_1^{k+2} + x_2^{k+2}$$

$$= p(x_1^{k+1} + x_2^{k+1}) + [(x_1^{k+1} + x_2^{k+1}) - (x_1^k + x_2^k)],$$

将这两式相加, 并移项即得

$$x_1^{k+3} + x_2^{k+3} = p\left[(x_1^{k+1} + x_2^{k+1}) + (x_1^{k+2} + x_2^{k+2})\right] - (x_1^k + x_2^k).$$

$$(9)$$

(9)式表明,只要 $x_1^k + x_2^k$ 不能被 p 整除,则 $x_1^{k+3} + x_2^{k+3}$ 也就不能被 p 整除.因此我们只要设立 3 个起点,并以跨度 3 跳跃即可证得所要证明的结论.为此,我们应当先来验证起点的情况.

前面已证当 $n=1$ 和 2 时,$x_1^n + x_2^n$ 都不能被 p 整除,而当 $n=3$ 时,因

$$\begin{aligned} x_1^3 + x_2^3 &= (x_1 + x_2)\left[(x_1 + x_2)^2 - 3x_1 x_2\right] \\ &= (p+1)(p^2 + 2p - 2), \end{aligned}$$

知其也不可被 p 整除.由此出发,再结合(9)式,便知只要 $x_1^k + x_2^k$ 不能被 p 整除,那么 $x_1^{k+3} + x_2^{k+3}$ 也就不能被 p 整除.从而知对一切正整数 n,$x_1^n + x_2^n$ 都不能被 p 整除.证毕.

在这个例题中,我们对 $x_1^n + x_2^n$ 为整数以及不能被 p 整除这两点是分开证明,并分别采用了不同的归纳技巧的.

【例 11】 证明,对任何正奇数 n,$x^n - x^{-n}$ 都可以用 $x - x^{-1}$ 的实系数多项式来表示.

为便于陈述,我们记 $z = x - x^{-1}$.这样,我们就只需对奇数的 n,证明存在实系数多项式 $P_n(z)$,使得 $x^n - x^{-n} = P_n(z)$ 就行了.

当 $n=1$ 时,显然只用取 $P_1(z) = z$ 就行了,可见命题成立.当 $n=3$ 时,我们有

$$x^3 - x^{-3} = (x - x^{-1})(x^2 + 1 + x^{-2}) = z(z^2 + 3).$$

因此,只要取 $P_3(z) = z(z^2 + 3)$,就可知命题成立.

现设当 $n = 2k - 1$ 和 $2k - 3$ 时,命题都已成立,即有实系数多项式 $P_{2k-1}(z)$ 和 $P_{2k-3}(z)$,使得

$$z^{2k-1} - z^{-(2k-1)} = P_{2k-1}(z),$$

$$z^{2k-3} - z^{-(2k-3)} = P_{2k-3}(z),$$

那么当 $n = 2k + 1$ 时,由于

$$(x^2 + x^{-2})(x^{2k-1} - x^{-2k-1})$$

$$= (x^{2k+1} - x^{-(2k+1)}) + (x^{2k-3} - x^{-(2k-3)}), \tag{10}$$

所以就有

$$x^{2k+1} - x^{-(2k+1)} = (z^2 + 2)P_{2k-1}(z) - P_{2k-3}(z).$$

因此只要取 $P_{2k+1}(z) = (z^2 + 2)P_{2k-1}(z) - P_{2k-3}(z)$,即可知对 $n = 2k + 1$,命题也成立了.

在这里,我们之所以采用"假设当 $n = 2k - 1$ 和 $2k - 3$ 时命题已成立"的归纳假设形式,是由于在(10)式中,既出现了 $x^{2k-1} - x^{-(2k-1)}$,又出现了 $x^{2k-3} - x^{-(2k-3)}$.因此为得出 $n = 2k + 1$ 时的表达式,就必须先假定在上述两种情况下,已有命题成立.而这样一来,我们也就应当增设一个起点,即不但验证 $n = 1$,而且还要验证 $n = 3$ 时的命题.

通过以上例题,我们可以看到,归纳假设的形式不是一成不变的,而是可以也应该随着问题的不同情况而作不同的变通的.不过,应该注意的是,在做变通时还应当全面估计一下这种变通所带来的其他影响,并采取诸如增多起点之类的补救措施,以避免留下逻辑上的漏洞.

在此我们还应说明的一点是,除了以上所提到过的各种归纳假设形式之外,还有多种不同的假设形式,它们分别适用于各种不同的问题.

7 非常规的归纳途径

在我们前面所谈过的各种归纳技巧之中,无论是常规的一步一跨,由 $n=k$ 跨至 $n=k+1$;还是加大跨度,数步一跨;甚至改变归纳假设形式,使得可由某个 $n\leqslant k$ 跨至 $n=k+1$;归纳中的进军路线都是一直向前,只进不退的.但有的时候,这种强硬方针会导致一定的困难.在这种情况下,就应当采取较为灵活的态度,改变只进不退的进军路线,采用有进有退,进退结合的方针,选取一条合适的归纳途径.这种方法在有的书中叫做倒推归纳法,在有的书中则叫做留空回填法.还有的时候,进军的路线虽然也是只进不退的,但是却要先经过一番迂回曲折的探索过程,才能找出合适的归纳途径来,而这些归纳途径也往往是不甚规则的,在处理诸如此类的问题时,便要求我们在归纳途径的选择上持较为灵活的态度.

我们先来看两个采用有进有退的归纳途径的例子.

【例1】 设函数 f 是对一切正整数 n 有定义的严格上升的函数,且:(1) $f(n)$ 为整数;(2) $f(2)=2$;(3) 对一切正整数 m 和 n,均有 $f(mn)=f(m)f(n)$.证明,对一切正整数 n,都有 $f(n)=n$.

首先,由性质(2)和(3)可知

$$2 = f(2) = f(1 \cdot 2) = f(1) \cdot f(2) = 2f(1),$$

故知有 $f(1) = 1$. 这样我们便验证了最初的命题成立.

假设当 $n \leqslant k$ 时, 均有 $f(n) = n$, 要证 $f(k+1) = k+1$. 如果 $k+1$ 为偶数, 即 $k+1 = 2m$(m 为正整数), 则问题比较好办. 由于这时有 $1 \leqslant m \leqslant k$, 故由性质(3), (2)及归纳假设, 即得

$$f(k+1) = f(2m) = f(2) \cdot f(m) = 2m = k+1,$$

知此时命题成立.

但若 $k+1$ 为奇数, 亦即 $k+1 = 2m+1$(m 为正整数)时, 由于已不一定都能运用性质(3), 因此问题显得较为复杂. 这时, 我们不如干脆先避开 $k+1$, 而直接来考虑 $k+2$.

由于 $k+2 = 2(m+1)$, 而由于 $m = \dfrac{k}{2}$(注意此时 k 是偶数), 所以 $m+1 = \dfrac{k}{2}+1 \leqslant k$, 因此可由性质(3), (2)及归纳假设, 得知

$$f(k+2) = f(2(m+1)) = f(2)f(m+1)$$
$$= 2(m+1) = k+2.$$

这样我们便先证得了 $f(k+2) = k+2$.

再利用函数 f 的严格上升性, 我们就有

$$k = f(k) < f(k+1) < f(k+2) = k+2,$$

亦即 $k < f(k+1) < k+2$. 再由性质(1)知 $f(k+1)$ 是整数, 从而必然就有 $f(k+1) = k+1$. 可见当 $k+1$ 为奇数时, 命题也成立.

综合上述两个方面, 即知对一切正整数 n, 都有 $f(n) = n$.

在如上的证明中,我们在处理 $k+1$ 为奇数的情形时,便是采用了有进有退的做法:先由 $n \leqslant k$ 去推 $n = k+2$,再返回来处理 $n = k+1$.我们作这种处理的理由是很明显的:这就是因为只有通过使用性质(3),我们才能为使用归纳假设提供条件.但是在 $k+1$ 为奇数,尤其当 $k+1$ 为质数时,性质(3)是不便于使用的.因此在这时,我们采用了灵活的方针,避实就虚,先攻容易解决的 $n = k+2$ 的情形,再回师解决 $n = k+1$ 的情形.

对于例1,我们还可以有另一种证明办法,那就是,先对一切 $n = 2^m$,m 是正整数,证明 $f(2^m) = 2^m$,然后再利用 f 的严格上升性和整值性,得到对一切正整数 n,都有 $f(n) = n$.我们把这种证法留给读者作为练习.

我们对例1中的问题做些修改,得到如下的问题:

【例2】　设函数 f 是对一切正整数 n 有定义的严格上升的函数,且:(1) $f(n)$ 为正整数;(2) $f(2) = 2$;(3)当 m 与 k 互质时,有 $f(mk) = f(m)f(k)$.证明,对一切正整数 n,都有 $f(n) = n$.

与例1相比,最大的区别表现在性质(3)上.但就是这样一种区别,已经使得前面的两种证法不宜再用.下面我们要来遵循另一种归纳途径.

首先,由 $0 < f(1) < f(2) = 2$,知 $f(1) = 1$.然后,我们要来证明,对一切非负整数 m,都有 $f(2^m + 1) = 2^m + 1$.

当 $m = 0$ 时,由 $f(2) = 2$ 知断言成立.假设当 $m = k$ 时,也有 $f(2^k + 1) = 2^k + 1$,要证当 $m = k+1$ 时,亦有相应的结

论. 我们来利用性质(3), 得到

$$f(2^{k+1}+2) = f(2 \cdot (2^k+1)) = f(2) \cdot f(2^k+1) = 2^{k+1}+2,$$

$$(1)$$

从而再由 f 的严格上升性, 即知

$$1 = f(1) < f(2) < \cdots < f(2^{k+1}+1) < f(2^{k+1}+2) = 2^{k+1}+2.$$

$$(2)$$

既然 $f(n)$ 皆为正整数, 所以由(2)式即可推得

$$f(2^{k+1}+1) = 2^{k+1}+1.$$

因此可知对一切 m, 都有 $f(2^m+1) = 2^m+1$. 不仅如此, 将这一结论与(2)式结合, 我们还可断言: 对一切正整数 n, 都有

$$f(n) = n.$$

由此看来, 我们已经完成了全部证明. 而且这里的证明途径确实可以称为迂回曲折. 但事实并非如此. 细究一下(1)式, 便可发现, 我们是利用了"2 与 2^k+1 互质"这一性质的(否则, 便不能利用性质(3)). 但是这一性质只有在 $k \geqslant 1$ 时才能成立. 而我们这里的起跳点却是 $m = 0$! 这就是说, 在起跳处并不具备利用性质(3)的条件, 因而也就不具备利用(1)式作为归纳过渡的基础的条件. 摆脱这一困境的良策是后移起点. 也就是说, 应当以 $m = 1$ 处作为真正的起跳点. 这样一来, 我们就应当再验证

$$f(3) = f(2^1+1) = 3,$$

但是有趣的是, 这一验证却并非三言两语即可奏效.

首先, 由性质(1)和 f 的严格上升性, 可知对任何两个正整数 n 和 p, 都有

$$f(n+p) \geqslant f(n) + p.$$

我们记 $f(3) = a$. 那么就有 $f(5) \geqslant a + 2$, 以及 $f(15) = f(3)f(5)$ $\geqslant a^2 + 2a$ 和

$$f(18) \geqslant f(15) + 3 \geqslant a^2 + 2a + 3. \tag{3}$$

另一方面, 由 $f(6) = f(2)f(3) = 2a$, 知 $f(5) \leqslant f(6) - 1 = 2a - 1$, $f(10) = f(2)f(5) \leqslant 4a - 2$ 以及 $f(9) \leqslant f(10) - 1 \leqslant 4a - 3$, 因此又有

$$f(18) = f(2)f(9) \leqslant 8a - 6. \tag{4}$$

结合 (3), (4) 两式, 可得 $(a-3)^2 \leqslant 0$, 故知 $a = 3$. 亦即

$$f(3) = 3.$$

至此, 我们总算完成了起点处的奠基工作.

例 2 的证明途径不可谓不曲折, 其中的起点处的验证过程尤其值得我们回味. 一般来说, 对起点处的命题的验证, 都是比较简单和易于完成的. 可是这个例子却再次表明, 有时也会有例外. 另外, 对于必须后移起点, 即验证 $f(3) = 3$ 的必要性, 大概也不是所有读者一下子都能清楚地意识到的.

下面我们再来看几个归纳途径不甚规则的例子, 它们都各具特色. 对于这些问题的处理, 都要求我们首先从探索归纳的途径入手.

【例 3】 如果整数 n 可以表示成 $n = a_1 + a_2 + \cdots + a_r$ 的形式, 其中 $a_1, a_2, \cdots, a_r$ 是满足关系式 $\dfrac{1}{a_1} + \dfrac{1}{a_2} + \cdots + \dfrac{1}{a_r}$ $= 1$ 的正整数 (不一定相异), 那么就称 n 是好的. 现知整数 33 至 73 全是好的. 证明, 每一个不小于 33 的整数都是好的.

乍一拿到这道题,确实令人感到难以下手. 题目中已经给出了足足 40 多个"起点"(即 33 至 73),但是要由此起跳,由 $n = k$ 推出 $n = k + 1$ 或是什么别的,却依然是茫无头绪. 怎么办呢? 我们还是先来探探路吧!

假设整数 m 是好的,那么就应该存在正整数 $a_1, a_2, \cdots, a_r$,使得

$$m = a_1 + a_2 + \cdots + a_r,$$

而且

$$\frac{1}{a_1} + \frac{1}{a_2} + \cdots + \frac{1}{a_r} = 1,$$

注意到这样一来,就有

$$\frac{1}{2a_1} + \frac{1}{2a_2} + \cdots + \frac{1}{2a_r} + \frac{1}{2} = 1$$

及

$$\frac{1}{2a_1} + \frac{1}{2a_2} + \cdots + \frac{1}{2a_r} + \frac{1}{3} + \frac{1}{6} = 1.$$

这就是说,只要 m 是好的,那么

$$2m + 2 = 2(a_1 + a_2 + \cdots + a_r) + 2 \tag{5}$$

与

$$2m + 9 = 2(a_1 + a_2 + \cdots + a_r) + 3 + 6 \tag{6}$$

就也都是好的.

既然如此,那么我们如果对某个 $k \geqslant 73$,已知整数 $33 \leqslant n \leqslant k$ 都是好的,当然由(5)式和(6)式,也就知道这些数的 2 倍加 2 与 2 倍加 9 都是好的了. 由于 $k \geqslant 73 = 2 \times 33 + 7$,便知这些好的整数中包括了 k 至 $2k$ 之间的每一个整数,也就是说

整数 $33 \leqslant n \leqslant 2k$ 全都是好的. 够了, 有了这样一番探索, 问题的归纳途径便弄清楚了:

首先, 由已知条件, 知整数 $33 \leqslant n \leqslant 2^0 \times 73$ 都是好的. 假设我们已经证得整数 $33 \leqslant n \leqslant 2^t \times 73$ 都是好的, 那么经由上述的推理, 便知整数 $33 \leqslant n \leqslant 2^{t+1} \times 73$ 也全都是好的. 既然 t 可为一切非负整数, 可见一切不小于 33 的整数 n 都是好的.

在这个证明中, 不仅归纳的途径非同寻常, 而且归纳的对象也并非通常的正整数 n, 而是另外所引入的一个参变数——2 的指数. 这种情况也是比较有趣的.

下面, 我们再来介绍第 2 节例 5 的另一种证法.

同例 3 一样, 我们还是讨论所谓的"好数", 只不过好数的含义有所不同.

【例 4】 设 n 为正整数, 如果存在前 n 个正整数 1, $2, \cdots, n$ 的一个排列

$$a_1, a_2, \cdots, a_n,$$

使得对每个 $k = 1, 2, \cdots, n$ 和数 $k + a_k$ 都是完全平方数, 就称 n 为"好数".

试问: 在集合 $\{11, 13, 15, 17, 19\}$ 中, 哪些是"好数", 哪些不是"好数"? 说明理由.

你能否找出所有的好数?

容易回答前一个问题.

首先不难知道 11 不是"好数", 因为 11 只能与 5 相加得到 4^2, 而 4 也只能与 5 相加得到 3^2, 故而不存在满足条件的排列.

其次, 可以对其余四个数给出满足条件的排列, 所以它

们都是好数.

对于 13,如下数表中,$k + a_k (k = 1, 2, \cdots, 13)$ 都是完全平方数:

$$k：1\ 2\ 3\ 4\ 5\ 6\ 7\ 8\ 9\ 10\ 11\ 12\ 13$$
$$a_k：8\ 2\ 13\ 12\ 11\ 10\ 9\ 1\ 7\ 6\ 5\ 4\ 3$$

对于 15,如下数表中,$k + a_k (k = 1, 2, \cdots, 15)$ 都是完全平方数:

$$k：1\ \ 2\ \ 3\ \ 4\ \ 5\ \ 6\ \ 7\ 8\ 9\ 10\ 11\ 12\ 13\ 14\ 15$$
$$a_k：15\ 14\ 13\ 12\ 11\ 10\ 9\ 8\ 7\ 6\ 5\ 4\ 3\ 2\ 1$$

对于 17,如下数表中,$k + a_k (k = 1, 2, \cdots, 17)$ 都是完全平方数:

$$k：1\ 2\ 3\ 4\ 5\ 6\ 7\ 8\ \ 9\ \ 10\ 11\ 12\ 13\ 14\ 15\ 16\ 17$$
$$a_k：3\ 7\ 6\ 5\ 4\ 10\ 2\ 17\ 16\ 15\ 14\ 13\ 12\ 11\ 1\ \ 9\ \ 8$$

对于 19,如下数表中,$k + a_k$ 和 $k + a'_k (k = 1, 2, \cdots, 19)$ 都是完全平方数:

$$k：1\ 2\ 3\ 4\ 5\ 6\ \ 7\ \ 8\ \ 9\ \ 10\ 11\ 12\ 13\ 14\ 15\ 16\ 17\ 18\ 19$$
$$a_k：8\ 7\ 6\ 5\ 4\ 3\ \ 2\ \ 1\ \ 16\ 15\ 14\ 13\ 12\ 11\ 10\ 9\ 19\ 18\ 17$$
$$a'_k：3\ 2\ 1\ 5\ 4\ 19\ 18\ 17\ 16\ 15\ 14\ 13\ 12\ 11\ 10\ 9\ \ 8\ \ 7\ \ 6$$

在如上各表格中,除了关于 17 的表格外,在所给的排列中都只用到了对换,即如果 $a_i = j$,则 $a_j = i$.唯独在关于 17 的表格中,用到了一个长度等于 5 的轮换:$a_1 = 3, a_3 = 6, a_6 = 10, a_{10} = 15, a_{15} = 1$.

在关于 19 的表格中,我们还给出了两种不同的排列,分别有 $19 + a_{19} = 36$ 和 $19 + a'_{19} = 25$,分别为大于 19 的次小平

方数和最小平方数,这为我们寻找所有的好数提供了重要
思路.

经过一番具体的探究后,我们发现,坏数集中在 10 以
内,而在大于 10 的正整数中只有 11 不是好数.这就使得我们
明确了,一共只有 6 个正整数不是好数,下面我们就来证明:

除了集合

$$A = \{1,2,4,6,7,11\}$$

中的数之外的所有正整数都是好数.

同例 3 一样,采用不规则的归纳形式.首先,逐个检验正
整数 1 至 $24(=5^2-1)$,确认它们中只有属于集合 A 的 6 个
数不是好数,起点多达 24 个.

接着,我们要来在 $m \geqslant 5$ 的情况下,实现由 $n < m^2$ 向 n
$< (m+1)^2$ 过渡,跨度逐次加大.具体做法如下:

假设在小于 m^2 的所有正整数中,只有集合 A 中的数不
是好数,其中 $m \geqslant 5$.我们来证明,在小于 $(m+1)^2$ 的所有正
整数中,仍然只有集合 A 中的数不是好数.为此,只需证明:
$m^2, m^2+1, m^2+2, \cdots, (m+1)^2-1$ 都是好数.显然 $(m+1)^2$
-1 是好数.现任取

$$n \in \{m^2, m^2+1, m^2+2, \cdots, (m+1)^2-2\},$$

我们来证明 n 是好数.为此,只需证明,存在好数 $k < n$,使得
$n+k+1$ 为完全平方数.因为这样一来,只需先写出

$$k+1 \quad k+2 \quad \cdots \quad n-1 \quad n$$
$$n \quad n-1 \quad \cdots \quad k+2 \quad k+1$$

即可化归 k 的情形,从而说明 n 是好数.

为了保证能够找到这样的好数 $k < n$,我们采用双保险措施,分别考虑使得 $n + k + 1$ 成为大于 n 的最小平方数的 k_1 和成为大于 n 的次小完全平方数的 k_2:

$$k_1 = (m+1)^2 - n - 1, \quad k_2 = (m+2)^2 - n - 1.$$

容易看出

$$2 \leqslant k_1 < k_2 = (m+2)^2 - n - 1$$
$$\leqslant (m+2)^2 - m^2 - 1 = 4m + 3 < m^2.$$

于是根据归纳假设,只要 k_1, k_2 不属于集合 A,那么它们就是好数.

我们难以通过 k_1, k_2 的具体值来判断它们是否属于集合 A,但是容易算出它们的差值:

$$k_2 - k_1 = (m+2)^2 - (m+1)^2 = 2m + 3 \geqslant 11 > 10.$$

由于集合 A 中两数之差最大为 $11 - 1 = 10$,所以 k_1 与 k_2 不可能都属于集合 A.这样一来,k_1 与 k_2 中至少有一个是好数.

如果 $k_1 \notin A$,就令 $k = k_1$,否则就令 $k = k_2$ 即可.

【例5】　设 M 是由有限个格点组成的平面点集,现将 M 中每个点都分别染成蓝、白两色之中的一种颜色.证明,可以采用适当的染法,使得在每条平行于坐标轴的直线上,所染的两色点的数目至多相差一个.

仍将 M 中的格点数目记作 n.

当 $n = 1$ 时,命题的结论显然成立.假设当 $n \leqslant k$ 时,命题都已成立,要证当 $n = k + 1$ 时,命题的结论也能成立.

我们来分两种情况考虑.

　　如果在某条平行于坐标轴的直线 l_1 上仅有 M 中一个点 A. 则由归纳假设知, 可按规则将 $M-\{A\}$ 中 k 个点着色, 然后再根据经过 A 点而平行于另一条坐标轴的直线 l_2 上的两色点的数目情况, 适当将点 A 着色, 即知命题也可成立.

　　如果不存在上述的直线 l_1, 那么在每条分布有 M 中点的平行于坐标轴的直线上, 便都至少有两个点. 我们来任取 M 中一点 A_1, 并将过 A_1 而分别平行于两条坐标轴的直线记作 l_1 和 l_2. 于是在 l_1 上可以找到 M 中的另一个点 A_2, 在 l_2 上也可以找到 M 中的另一个点 A_3. 将与 A_1, A_2, A_3 一起构成矩形的第 4 个顶点的点记作 A_4. 并分别考虑两种可能情况.

　　第一种情况: $A_4 \in M$. 这时, 我们先将 A_1, A_2, A_3, A_4 空开不染. 于是由归纳假设知, 可对剩下的 $(k+1)-4=k-3$ 个点按照规则染色. 然后, 再将 A_1 和 A_4 染为同色, 并将 A_2 和 A_3 同染为另一种颜色. 乃知, 这种为 $k+1$ 个点染色的方式是符合规则的.

　　第二种情况: $A_4 \notin M$. 这时, 我们需要采用一种比较特殊的处理手法: 将 A_1, A_2, A_3 暂时去掉, 而将 A_4 暂时补入, 并将所得的集合记作 M_1. 于是就有 $M_1 = M \cup \{A_4\} - \{A_1, A_2, A_3\}$, 从而知 M_1 中共含有 $(k+1)+1-3=k-1$ 个格点. 于是由归纳假设知, 可按规则将 M_1 中的点着色. 当这种着色完成之后, 我们再将 A_1, A_2, A_3 补回去, 并将 A_2 和 A_3 染为 A_4 的颜色, 而将 A_1 染为与它们不同的另一种颜色, 然后再将 A_4 抹去. 不难验证, 这时 M 中的 $k+1$ 个点所染的颜色亦是合乎规则的.

综合上述各种情况,可知当 $n = k + 1$ 时,命题的结论也能成立.所以对一切正整数 n,命题的结论都能成立.

在这种证法中,虽然归纳的对象是集合中的元素数目,很平常;归纳的推进路线也是一直向前推进,并无什么迂回曲折.但是,它在由"$n \leqslant k$"向"$n = k + 1$"推进时,却巧妙地采用了"补一去三"的处理手法,确是妙不可言.

8　合理选取归纳对象

乍一看到本节的标题,许多人可能会困惑不解:"难道归纳对象也是可以选取的吗?"诚然,在我们碰到的大部分问题中,命题通常仅与一个正整数 n 有关,因此归纳的对象毫无疑问地就是 n,所以并不需要作什么选取.但是,我们也还会碰到一些别的问题,其中的变量不止一个,甚至并不直接与正整数 n 有关.而只要我们能对它们进行合理的分析,对归纳的对象作出合理地选择与安排,那么数学归纳法同样可以成为处理它们的有力武器.由于这个问题涉及面过广,我们不打算过深地涉猎.只举上几个例子,帮助读者开开眼界.

【例1】　以$[u]$表示实数 u 的整数部分.证明,对任何给定的正整数 n 和实数x,都有

$$[x] + \left[x + \frac{1}{n}\right] + \left[x + \frac{2}{n}\right] + \cdots + \left[x + \frac{n-1}{n}\right] = [nx].$$

证明　虽然这个问题仅与一个正整数 n 有关,但是若对固定的 x 关于 n 使用归纳法却并非一件易事(读者不妨自行试一试).当然,更不能对 x 作归纳,因为 x 是在实数范围内变动的.因此对这个问题能否使用数学归纳法是不明显的.

但是如果将 n 视为固定的正整数,我们来将实数轴划分为一个个的小区间 $\left[\frac{m}{n}, \frac{m+1}{n}\right)$,$m = 0, \pm 1, \pm 2, \cdots$,然后对

x 所在的区间的标号 m 使用数学归纳法,则将使得本题的归纳证明成为可能.不过应当声明的是:m 的变化范围是一切整数(而不是一切正整数),因此我们在具体做法上还要有些不同于以往之处.

首先假定 $m = 0$,即假定 $x \in \left[0, \dfrac{1}{n}\right)$.此时对 $i = 0, 1, \cdots,$ $n-1$,我们都有 $\left[x + \dfrac{i}{n}\right] = 0$,因此就有 $\displaystyle\sum_{i=0}^{n-1}\left[x + \dfrac{i}{n}\right] = 0$.而因 $0 \leqslant nx < \dfrac{n}{n} = 1$,知 $[nx] = 0$.所以当 $m = 0$ 时等式成立.

假设当 $m = k$(k 为非负整数)时等式已成立,即对任何 $x \in \left[\dfrac{k}{n}, \dfrac{k+1}{n}\right)$ 时,有

$$[x] + \left[x + \frac{1}{n}\right] + \left[x + \frac{2}{n}\right] + \cdots + \left[x + \frac{n-1}{n}\right] = [nx].$$

那么当 $m = k+1$,也就是当 x 属于 $\left[\dfrac{k+1}{n}, \dfrac{k+2}{n}\right)$ 时,相当于给满足上述等式的某个 x 加上了一个 $\dfrac{1}{n}$,因此等左端除最末一项外,都向右"移动"了一项(即变得与原来在其右侧紧邻的一项相等),而最末一项则成为 $[x+1]$,它比 $[x]$ 多 1.因此当将 $m = k$ 变作 $m = k+1$ 时,等式左端增加 1.与此同时,等式右端的 $[nx]$ 也比 $m = k$ 时之值增加了 1.所以当 $m = k+1$ 时,等式也相等.

再假设当 $m = k$(k 为非正整数)时等式已成立,那么仿上过程可类似地证明当 $m = k-1$ 时,等式也成立.

所以对任何给定的正整数 n,对一切实数 x,所证的等式都成立.证毕.

回顾例 1 的证明过程是有趣的.其中本来仅有一个正整数 n,我们通过对实数 x 分区段考虑而将其离散化,又引出了一个整数 m,从而使命题变成与两个整数 m 和 n 有关.接着,我们又对这两种整数采用了不同的处理方针:对 m 施用归纳法,而对 n 则将其置于固定的状态之下.应当注意的是,这种"固定",并不是将 n 固定为某个具体的或是特殊的正整数,而是将 n 作为**任意**一个正整数而固定下来.就是说,在这种固定之下,我们只假定 n 具备作为一个正整数而应具备的性质,除此之外,我们没有再用到也没有再认为它具有任何别的性质.这种将一个正整数作为任意一个正整数而固定下来的做法,在用数学归纳法处理与两个正整数有关的命题时是经常采用的,可以起到减少归纳变元的作用,从而将本来要对两个变元分别作归纳的双重归纳问题转化为仅对一个变元归纳的单重归纳问题.下面再来看一个例子.

【例 2】 设 m 与 n 是任意的非负整数,证明,在假定 $0!=1$ 时,$\dfrac{(2m)!\,(2n)!}{m!\,n!\,(m+n)!}$ 是整数.

证明 记 $f(m,n)=\dfrac{(2m)!\,(2n)!}{m!\,n!\,(m+n)!}$.

我们来对 m 施用数学归纳法,而将 n 视为任意一个固定的非负整数.

首先,当 $m=0$ 时,对任何固定的非负整数 n,都有

$$f(0,n) = \frac{(2n)!}{n! \ n!} = C_{2n}^n,$$

由组合数公式知其为整数.

假设当 $m = k$ 时,对任何固定的非负整数 n, $f(k,n)$ 都是整数(从而 $f(k,n+1)$ 也是整数). 那么当 $m = k+1$ 时,由于

$$f(k+1,n) = 4f(k,n) - f(k,n+1),$$

知对任何固定的非负整数 n, $f(k+1,n)$ 也都是整数. 于是由数学归纳法知,对任何非负整数 m 和 n, $f(m,n)$ 都是整数. 证毕.

上面两个例子都告诉我们:将一个整数视作为任意的整数,而仅对另一整数施用归纳法,是处理一些与两个整数有关的命题的一种有效的常用方法. 它可以使得我们避免对两个不同整数的双重归纳,因此被广泛地应用在各类问题之中. 下面我们再来看一个例子.

【例 3】 证明,任何一个正的既约真分数 m/n 都可以表示成若干个两两互异的正整数的倒数之和.

证明 我们来对 m 施用数学归纳法,以证明每个正的既约真分数 m/n 都可以表示成若干个两两不同的正整数的倒数之和.

当 $m = 1$ 时,由 $\frac{1}{n} = \frac{1}{2n} + \frac{1}{3n} + \frac{1}{6n}$ 知结论正确. 设结论对一切分子 $m \leqslant k$ 的正的既约真分数 m/n 都成立,要证结论对分子 $m = k+1$ 的正的既约真分数也成立. 以 q 和 r 记 n 除以 $(k+1)$ 所得的商和余数 r,则有

$$n = q(k+1) + r,$$

由于 $0 < k+1 < n$,所以有 $q > 0$.如果 $r = 0$,则 n 是 $m = k+1$ 的倍数,这与 m/n 为既约分数的事实矛盾,所以有 $1 \leqslant r \leqslant k$.于是就有

$$\frac{m}{n} - \frac{1}{q+1} = \frac{k+1}{n} - \frac{1}{q+1} = \frac{k+1-r}{n(q+1)},$$

其中有 $k+1-r \leqslant k$.

如果 $\dfrac{k+1-r}{n(q+1)}$ 已为既约分数,那么由于其分子 $\leqslant k$,知可对其应用归纳假设;如果 $\dfrac{k+1-r}{n(q+1)}$ 不是既约分数,那么当其化为既约形式 m_1/n_1 后,更有 $m_1 < k+1-r \leqslant k$,因此可对其既约形式应用归纳假设.总之,$\dfrac{k+1-r}{n(q+1)}$ 可表示成若干个两两不同的正整数 $t_1, t_2, \cdots, t_r$ 的倒数之和:

$$\frac{k+1-r}{n(q+1)} = \frac{1}{t_1} + \frac{1}{t_2} + \cdots + \frac{1}{t_r},$$

同时由此不难推得 $t_1 > q+1, t_2 > q+1, \cdots, t_r > q+1$.于是综合上述结果即知

$$\frac{k+1}{n} = \frac{1}{q+1} + \frac{1}{t_1} + \frac{1}{t_2} + \cdots + \frac{1}{t_r}$$

是若干个两两不同的正整数的倒数之和.所以结论对一切正的既约真分数 m/n 都正确.

在这里,我们也是把 n 看成是任意的正整数,而仅仅对 m 归纳,避免了双重归纳.

也有人把这类归纳方法叫做参变归纳法,把不参与归纳的量叫做参变量,例如例 3 中的 n 就是一个参变量.使用参

变归纳法可以使我们避免双重归纳,这从以上3个例题都已经看到.在使用参变归纳法时一定要注意,参变量是一个任意的正整数.因此在推理中的每一步,其中包括在奠基的步骤上,都应强调出这一点.

有趣的是,对于有些本来仅含一个正整数变量 n 的问题,也可以把其中的一部分 n"活化",使它们成为参变量.下面来看一个例子.

【例 4】　证明,对于一切正整数 $n \geqslant 3$,都有 $n^{n+1} \geqslant (n+1)^n$.

这个问题的难处在于,不论采用哪种方法,都难以在第二步中实现归纳过渡.

但如果我们来引入参变量,改为证明对一切正整数 $m \geqslant n \geqslant 3$,都有

$$nm^n \geqslant (m+1)^n, \tag{1}$$

却反而可以摆脱归纳时的困难.

事实上,对一切正整数 $m \geqslant 3$,我们都有

$$3m^3 = m^3 + m \cdot m^2 + m^2 \cdot m$$
$$\geqslant m^3 + 3m^2 + 3^2 \cdot m$$
$$> m^3 + 3m^2 + 3m + 1 = (m+1)^3,$$

可见当 $n = 3$ 时,不等式(1)可对一切正整数 $m \geqslant 3$ 成立.这就完成了奠基步骤.

假设当 $n = k$ 时,不等式(1)可对一切正整数 $m \geqslant k$ 成立.那么当 $n = k+1$ 时,我们对一切正整数 $m \geqslant k+1$,便有

$$(k+1)m^{k+1} = m^{k+1} + m \cdot km^k$$

$$\geqslant m^{k+1} + m \cdot (m+1)^k = m \cdot m^k + m \cdot (m+1)^k$$

$$\geqslant (k+1)m^k + m \cdot (m+1)^k$$

$$> (m+1)^k + m \cdot (m+1)^k = (m+1)^{k+1},$$

可见当 $n = k + 1$ 时,不等式也可对一切正整数 $m \geqslant k + 1$ 成立.

这样,我们便证得了,对一切正整数 $m \geqslant n \geqslant 3$,都有不等式(1)成立.特别地,如果令 $m = n$,便知对一切正整数 $n \geqslant 3$,都有不等式

$$n^{n+1} \geqslant (n+1)^n$$

成立.

下面我们再来看一个灵活选取归纳对象的例题.

【例 5】 在一条直线上标出 $2n$ 个不同的点,其中有 n 个红点和 n 个蓝点.将所有同色点对之间的距离之和记作 S_1,将所有异色点对之间的距离之和记作 S_2.证明,$S_1 \leqslant S_2$.

易知,共有 $2C_n^2 = n(n-1)$ 个同色点对,共有 n^2 个异色点对.因此为证 $S_1 \leqslant S_2$,一种合乎常规的想法是对 n 作归纳.

当 $n = 1$ 时,显然 $S_1 = 0$,而 $S_2 > 0$,结论自然成立.假设当 $n = k$ 时结论成立,要证 $n = k + 1$ 时结论也成立.此时的 S_1 和 S_2 分别比 $n = k$ 时增加了 $2k$ 和 $2(k+1)$ 项,但难以算清它们之间的关系,不如采用以下的证法.

固定 $n \geqslant 2$(即不对 n 作归纳),允许 $2n$ 个点中有相互重合的,不仅同色点可以有重合的,而且异色点也可以重合.我们来证明结论仍然成立.显然,现在所证的命题比原来的更强.

假设 $2n$ 个点中一共只有 m 个不同的点，$m \leqslant 2n$（有些点重合掉了）.我们来对 m 作归纳.

记相应的 S_1 和 S_2 为 $S_1^{(m)}$ 和 $S_2^{(m)}$.

当 $m = 1$ 时，显然 $S_1^{(1)} = S_2^{(1)} = 0$，结论成立.

假设当 $m = k < 2n$ 时，结论已成立，即有 $S_1^{(k)} \leqslant S_2^{(k)}$.我们来看 $m = k + 1$ 的情形.将这 $k + 1$ 个不同的点自左至右依次记为 $A_1, A_2, \cdots, A_{k+1}$.

假设在 A_1 处共重合了 a 个红点和 b 个蓝点，那么在其余 k 个点上共落有 $n - a$ 个红点和 $n - b$ 个蓝点.如果将落在 A_1 处的点全都移到 A_2 上，那么由归纳假设知 $S_1^{(k)} \leqslant S_2^{(k)}$.而现在，我们有

$$S_1^{(k+1)} = S_1^{(k)} + (a(n-a) + b(n-b))|A_1 A_2|,$$
$$S_2^{(k+1)} = S_2^{(k)} + (a(n-b) + b(n-a))|A_1 A_2|.$$

因此

$$
\begin{aligned}
S_1^{(k+1)} - S_2^{(k+1)} &= (S_1^{(k)} - S_2^{(k)}) + (a(n-a) \\
&\quad + b(n-b) - a(n-b) - b(n-a))|A_1 A_2| \\
&\leqslant (na - a^2 + nb - b^2 - na + ab - nb + ab)|A_1 A_2| \\
&= -(a - b)^2 |A_1 A_2| \leqslant 0,
\end{aligned}
$$

即有 $S_1^{(k+1)} \leqslant S_2^{(k+1)}$.

所以，对一切 $1 \leqslant m \leqslant 2n$，均有 $S_1^{(m)} \leqslant S_2^{(m)}$.特别地，当 $m = 2n$ 时，就有 $S_1 \leqslant S_2$，原题获证.

在上面两例的证明中，我们事实上都是证明了一个比原来的命题更为广泛的命题.这种办法叫做"加强命题"，也是在归纳法的使用中经常采用的.后面我们还要详细介绍这种

办法,这里就不再赘述了.

下面再来看一些其他类型的问题.

【例6】 设

$$S_n = 1 + q + q^2 + \cdots + q^n,$$

$$T_n = 1 + \frac{1+q}{2} + \left(\frac{1+q}{2}\right)^2 + \cdots + \left(\frac{1+q}{2}\right)^n.$$

证明,$C_{n+1}^1 + C_{n+1}^2 S_1 + C_{n+1}^3 S_2 + \cdots + C_{n+1}^{n+1} S_n = 2^n T_n$.

证明 由于等式两端都是关于 q 的多项式,所以为证等式成立,只用证明两端 $q^m (m = 0,1,2,\cdots,n)$ 的系数都相等,也就是要证明对一切非负整数 n 和介于 0 与 n 之间的一切整数 m 都有

$$C_{n+1}^{m+1} + C_{n+1}^{m+2} + \cdots + C_{n+1}^{n+1} = 2^{n-m} C_m^m + 2^{n-m-1} C_{m+1}^m + \cdots + C_n^m.$$

$$(2)$$

我们来对 $n - m$ 施用数学归纳法.

当 $n - m = 0$ 时,(2)式两端皆为 1,等式显然成立.假定 $n - m = k$ 时,(2)式成立,我们来证明 $n - m = k + 1$ 时,(2)式也成立.此时(2)式左端为

$$(C_n^m + C_n^{m+1}) + (C_n^{m+1} + C_n^{m+2}) + \cdots + (C_n^{n-1} + C_n^n) + C_n^n$$
$$= C_n^m + 2(C_n^{m+1} + C_n^{m+2} + \cdots + C_n^n),$$

注意到上式右端括号内第一项的下上标之差为 $n - (m+1) = k$,知可对其应用归纳假设,从而得知(2)式左端即为

$$C_n^m + 2(2^{n-m-1} C_m^m + 2^{n-m-2} C_{m+1}^m + \cdots + C_{n-1}^m),$$

而这恰为(2)式右端,可见当 $n - m = k + 1$ 时等式也成立.(2)式证毕.

　　在刚才的证明中,我们的归纳对象是 $n-m$,而不是 n 也不是 m.在这里,n 实际上是被作为任意一个固定的非负整数看待的,因而实际上还是对 m 施行的归纳法.不过由于这种归纳是表现在差值 $n-m$ 之上,所以在整个验证过程中,并不是假定 m 等于多少,而且等式两端也未出现 k.

　　下面我们再来看一个较为复杂的归纳问题,它是第二十六届国际中学生奥赛数学竞赛的一道试题,其中对归纳对象的安排也是十分有趣的.

　　【例 7】　整系数多项式 $P(x)=\sum_{i=0}^{n}a_ix^i$ 的权 $W(P)$ 定义为它的奇系数的个数.证明对任一有限整数序列 $0\leqslant i_1<i_2<\cdots<i_n$,都有

$$W((1+x)^{i_1}+(1+x)^{i_2}+\cdots+(1+x)^{i_n})\geqslant W((1+x)^{i_1}).$$

　　证明　由二项式定理知,当 $t=2^m$ 时,有

$$(1+x)^t=1+x^t+(\text{系数为偶数的项}),$$

因此当 $P(x)$ 的次数低于 $t=2^m$ 时,有

$$W(P(x)\cdot(1+x)^t)=2W(P). \tag{3}$$

(3)式将在下面的归纳过渡中起重要作用.

　　我们来对 i_n 施行数学归纳法.当 $i_n=1$ 时,结论显然.设在 $i_n<2^k$ 时命题成立,我们要来证明当 $2^k\leqslant i_n<2^{k+1}$时命题也成立.分两种情况考虑:如果 $i_1\geqslant 2^k$,则

$$W((1+x)^{i_1}+(1+x)^{i_2}+\cdots+(1+x)^{i_n})$$
$$=W((1+x)^{2k}((1+x)^{i_1-2k}+(1+x)^{i_2-2k}+\cdots+(1+x)^{i_n-2k}))$$
$$=2W((1+x)^{i_1-2k}+(1+x)^{i_2-2k}+\cdots+(1+x)^{i_n-2k}).$$

上面第二个等号是根据(3)式得出的.注意到现在有 $i_n - 2^k$
$<2^{k+1} - 2^k = 2^k$,故可对上式应用归纳假设,因而得到

$$W((1+x)^{i_1} + (1+x)^{i_2} + \cdots + (1+x)^{i_n})$$
$$\geqslant 2W((1+x)^{i_1 - 2k}).$$

如果再次对上式应用(3)式,即得

$$W((1+x)^{i_1} + (1+x)^{i_2} + \cdots + (1+x)^{i_n})$$
$$\geqslant 2W((1+x)^{i_1 - 2k}) = W((1+x)^{i_1}).$$

知当 $2^k \leqslant i_n < 2^{k+1}$ 时命题也成立.

如果 $i_1 < 2^k$,记 $t = 2^k$,那么就有

$$(1+x)^{i_1} + (1+x)^{i_2} + \cdots + (1+x)^{i_n}$$
$$= a_0 + a_1 x + \cdots + a_{t-1} x^{t-1} + (1+x)^t (b_0 + b_1 x + \cdots$$
$$+ b_{t-1} x^{t-1})$$
$$= \sum_{i=0}^{t-1} a_i x^i + \sum_{i=0}^{t-1} b_i x^i + x^t \sum_{i=0}^{t-1} b_i x^i + (\text{偶系数项}).$$

上式中,如果某个系数 a_i 与 b_i 同为奇数,则有一个奇系数的
项 $b_i x^{i+t}$ 补偿损失掉的奇系数项 $a_i x^i$,所以上式中的奇系数
项不少于 $W\left(\sum_{i=0}^{t-1} a_i x^i\right)$.由于 $i_1 < 2^k = t$, $i_n \geqslant 2^k = t$,所以存
在某个整数 m: $1 \leqslant m < n$,有 $i_m < 2^k = t \leqslant i_{m+1}$.于是

$$\sum_{i=0}^{t-1} a_i x^i = (1+x)^{i_1} + \cdots + (1+x)^{i_m}.$$

注意到 $i_m < 2^k$,故可对上式应用归纳假设,得

$$W\left(\sum_{i=0}^{t-1} a_i x^i\right) \geqslant W((1+x)^{i_1}),$$

更有

$$W((1+x)^{i_1}+(1+x)^{i_2}+\cdots+(1+x)^{i_n})\geqslant W((1+x)^{i_1}).$$

综合上述两方面,即知对 $2^k\leqslant i_n<2^{k+1}$,命题也成立.所以对任意 n 个整数 $0\leqslant i_1<i_2<\cdots<i_n$,命题都成立.

例 7 证明过程中,在归纳对象、归纳途径以及对 n 的处理方面,都有许多耐人寻味之处,其中的精巧构思值得读者细细鉴赏.

下面我们来谈谈有关平面地图的欧拉公式的归纳证明问题.读者们当中有些可能学过立体几何,知道关于空间多面体的顶点数 V、棱数 E 和面数 F 之间的关系有一个简明的公式:

$$V-E+F=2.$$

这就是著名的欧拉公式.

例如,在四面体中,$V=4,E=6,F=4$;有立方体中,$V=8,E=12,F=6$,都满足欧拉公式.

现在我们则要来讨论一下有关连通的平面地图的顶点数 V、边数 E 和面数 F 关系的欧拉公式.关于这些问题的讨论属于另一数学分支——图论的内容.为此,我们现在简略介绍一下有关概念.

平面上或空间中由有限条弧组成的一个图,如果这些弧除了可能有公共端点外不再有公共点,则把这种图称为一个网络.弧的端点称为网络的顶点.网络中的一些首尾相接、可以连续地沿着它们走下去的弧,而且其中任何一条弧都不会被重复走过,则称为一条路.如果一个网络的任何两个顶点之间都连有网络中的一条路,则称网络是连通的.含于一个曲面中的网络就称为一个地图.如果这个曲面是平面,那么这个地图便称为平面地图了,平面地图的面是由它的边界所界定的区域.

例如,图 18 中的(1)、(2)、(3)就分别是三个连通的平面地图.在(1)中有 $V=1, E=1, F=2$;在(2)中有 $V=5, E=6$, $F=3$;在(3)中有 $V=8, E=12$, $F=6$.它们全都符合关系式 $V-E+F=2$.于是就产生出一个问题:是否每一个连通的平面地图的顶点数 V、边数 E 和面数 F 都满足欧拉公式? 答案是肯定的,下面我们就来考虑如何用数学归纳法证明这一命题.

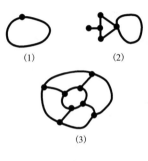

(1)　　　(2)

(3)

图 18

【例 8】 任何一个连通的平面地图的顶点数 V、边数 E 和面数 F,都满足欧拉公式,即

$$V-E+F=2.$$

为了能用数学归纳法证明这一命题,我们首先来考察一下一个连通的平面地图可以通过怎样的过程来绘制出来,而在每一步上又都能保持连通性? 显然,这些过程中的每一步都不外乎是完成下列动作中的某一动作:

(i)给一个顶点添加一条从这点出发又返回这点的一条边(例如将 · 变作 ○);

(ii)对已有的一个顶点添加一条边及一个顶点(例如 · 变作 •——•);

(iii)给一条已有的边添加一个顶点(例如 •——• 变

作 •——•);

　　(iv)在已有的两个顶点之间添加一条边(例如 变作

).

　　因此,为证本命题,我们可对一个连通的平面地图在这样的构作过程中所需要的动作数目 n 施用数学归纳法.

　　如果 $n=1$,那么该图仅由一个点构成,从而 $V=1, E=0, F=1$,于是知有 $V-E+F=2$.

　　假设当 $n=k$ 时命题成立,即对任何一个需经 k 步动作才能构作出来的连通平面地图,其顶点数 V、边数 E 和面数 F,都能满足欧拉公式.要证 $n=k+1$ 时命题也成立.由于这样的地图都可以由某个 k 步可成的地图再作一步动作得到,而这一步动作又不外乎上边所开列的四种动作.考察一下这四种动作对$(V-E+F)$之值所造成的影响 $\Delta(V-E+F)$ (表 1),发现其值都是零.

表 1

动作	ΔV	ΔE	ΔF	$\Delta(V-E+F)$
(i)	0	+1	+1	0
(ii)	+1	+1	0	0
(iii)	+1	+1	0	0
(iv)	0	+1	+1	0

　　所以该需经 $k+1$ 步动作方可作构成的平面地图的顶点数 V、边数 E 和面数 F,仍然满足欧拉公式,即命题当 $n=k+1$ 时也成立.由数学归纳法可知,对任何连通的平面地图而

言,其顶点数 V、边数 E、面数 F 都满足欧拉公式

$$V - E + F = 2.$$

例 8 可能要算是我们所遇到归纳对象最为奇特的例题了.其实这种现象在许多高等数学分支中是并不罕见的.矩阵的行数或列数、多项式的次数、符号逻辑中逻辑关系的个数,甚至一些其他更为抽象的量,都可以成为归纳法所施加的对象.问题是要看它们是否便于归纳,而归纳的结果又是否包含了我们所需要的结论.当然,对例 8 的归纳证明也还有其他的论证途径,包括分别选用 V, E 或 F 作为归纳对象.对于这些我们就不作细究了,有兴趣的读者可从有关图论的书籍中找到它们.下面我们来看一个以多项式的次数作为归纳对象的例题.

【例 9】　证明,任何多项式都可以表示成两个单调递增的多项式之差.

本题乍一看来,似乎会觉得很容易,其实并不然.例如 $f(x) = x^2$,就不是单调上升的多项式,为适合本题题意,可将它表示成

$$f(x) = x^2 = \frac{1}{3}(x+1)^3 - \frac{1}{3}(x^3 + 3x + 1).$$

现在要证明的是,对任何一个多项式都可以找到一个类似的表达式.

我们来对多项式 f 的次数 n 施用数学归纳法.

当 $n = 0$ 时,f 恒等于某个常数 c,即 $f(x) \equiv c$,于是可将 f 表示成 $(x + c) - x$,这里 $(x + c)$ 与 x 都是单调增加的多项

式,可见命题成立.

假设当 $n \leqslant k$ 时命题皆已成立,即对某个非负整数 k,凡次数不超过 k 的多项式都可以表示成两个单调递增的多项式的差. 我们要来证明对任何次数为 $k+1$ 的多项式命题也成立.

如果 $k+1=2m$,即为偶数,则有

$$f(x) = ax^{2m} + g(x), \tag{4}$$

其中 $a \neq 0$ 为常数,$g(x)$ 为某个次数不超过 k 的多项式. 由于

$$\frac{1}{2m+1}\left[(x+a)^{2m+1} - x^{2m+1}\right] = ax^{2m} + h(x), \tag{5}$$

其中 $h(x)$ 是一个次数不超过 k 的多项式,所以综合(4),(5)即得

$$f(x) = \frac{1}{2m+1}\left[(x+a)^{2m+1} - x^{2m+1}\right] + g(x) - h(x), \tag{6}$$

其中 $g(x) - h(x)$ 是一个次数不超过 k 的多项式,所以可应用归纳假设于它,知存在两个单调递增的多项式 $l_1(x)$ 与 $l_2(x)$,使得

$$g(x) - h(x) = l_1(x) - l_2(x). \tag{7}$$

如果记

$$H_1(x) = \frac{1}{2m+1}(x+a)^{2m+1} + l_1(x),$$

$$H_2(x) = \frac{1}{2m+1}x^{2m+1} + l_2(x),$$

由 $H_1(x)$ 与 $H_2(x)$ 都是单调上升的多项式,于是综合

(6),(7)两式即得

$$f(x) = H_1(x) - H_2(x).$$

知当 $k+1$ 为偶数时,命题也成立.

如果 $k+1$ 为奇数,那么就有常数 $a \neq 0$,使

$$f(x) = ax^{k+1} + g(x), \tag{8}$$

其中 $g(x)$ 是一个次数不超过 k 的多项式.应用归纳假设于 $g(x)$,知存在两个单调递增的多项式 $l_1(x)$ 和 $l_2(x)$,使得

$$g(x) = l_1(x) - l_2(x), \tag{9}$$

再取两个非负常数 b 和 c,使 $a = b - c$,并令 $H_1(x) = bx^{k+1} + l_1(x)$,$H_2(x) = cx^{k+1} + l_2(x)$,于是 $H_1(x)$ 和 $H_2(x)$ 都是单调递增的多项式,综合(8)、(9)可得

$$f(x) = H_1(x) - H_2(x),$$

知当 $k+1$ 为奇数时,命题也成立.

由数学归纳法原理知:任何多项式都可以表示成两个单调递增的多项式的差.

在这个例题中,我们所选取的归纳对象是多项式的次数 n.它的确具有便于归纳,且可使得论证的结果包括了我们所需要的命题这样两个特点.在常数 b 和 c 的选取上有较大的任意性,例如:当 $a > 0$ 时,可取 $b = a + 1$,$c = 1$,也可取 $b = a$,$c = 0$;当 $a < 0$ 时,可取 $b = 1$,$c = 1 - a$.

9 辅 助 命 题

——通向 $P(k+1)$ 的桥梁

还是在第 2 节中,我们就已谈到过运用归纳假设时的
"退"和"进"的关系:从 $n=k+1$"退"下来以利用归纳假设,
利用完了再又返回 $k+1$."退"是为了"进",而只有"退"才能
"进".因而在"退"的时候,就要为"进"留下可能性,并准备好
条件.因此,就有一个如何"退"最合理的问题.为了解决这个
合理性的问题,往往需要对问题的内在规律作较为深入的考
察,并因此而引出一些规律性的东西来,以指导我们的行动.
这种规律性的东西虽然不一定就是问题本身所要求证明的,
但却是为证明问题本身所服务的,因此称为辅助命题.

辅助命题的含义和作用都很广,不一定局限于上面所述
及的类型.从内容上说,它有时仅仅是反映问题所涉及的具
体场合的特有规律;有时却可能是一个带有普通意义的数学
命题.从作用上说,它可以是为解决如何退最合理的问题服
务的,也可以是为解决"退"下来以后能否运用归纳假设的问
题而提供证据的,还可以是为解决如何"返"回 $k+1$ 的问题
指点路径的,甚至还可以仅仅是为了回答"可以'退',因而可
以运用归纳法来证题"的问题的.

对于如上所说到的有些类型的辅助命题,读者们已经不

陌生. 例如, 在第 2 节的例 5 中, 我们在解决剩下的情况时, 认真地考察过 l_1 和 l_2 上的两种颜色的点的多寡情况, 并证明了这样一个结论, 即"在 l_1 和 l_2 上, 一定是同一种颜色的点多出一个". 这个结论就是一个反映了问题所涉及的具体场合的特殊规律的辅助命题, 它是为解决"返"回 $k+1$ 的可能性服务的. 又例如, 在第 5 节的例 7 中, 我们在证明问题本身之前, 先证明了一个引理. 这个引理就是一个辅助命题, 它是为解决在"退"下来以后, 能否利用归纳假设的问题提供理论依据的. 有了它, 我们就可以知道应该如何"退", 并且在退下来以后何以能利用归纳假设. 这个辅助命题所反映的是一个带有普遍性的数学规律, 因此我们在解题时把它称为引理.

下面再来看一些具体的例子.

【例 1】 设 $a>0, b>0$, 证明, 对一切正整数 n, 都有

$$\frac{1}{2}(a^n + b^n) \geqslant \left(\frac{a+b}{2}\right)^n.$$

从表面上看, 本题并无多大难度. 当 $n=1$ 时, 左右两端相等, 命题成立. 假设当 $n=k$ 时, 命题也成立, 即有

$$\frac{1}{2}(a^k + b^k) \geqslant \left(\frac{a+b}{2}\right)^k,$$

要证当 $n=k+1$ 时, 命题仍然成立. 我们有

$$\left(\frac{a+b}{2}\right)^{k+1} = \left(\frac{a+b}{2}\right)^k \cdot \frac{a+b}{2}$$

$$\leqslant \frac{a^k + b^k}{2} \cdot \frac{a+b}{2} = \frac{1}{4}(a^{k+1} + ab^k + a^k b + b^{k+1}).$$

(1)

到此为止,我们已经利用过了归纳假设,但却未能得到所需要的左端形式.比较现有的形式与所需要的形式,我们发现,如果再能证得如下的不等式:

$$ab^k + a^k b \leqslant a^{k+1} + b^{k+1}, \qquad (2)$$

那么就可以由已有的(1)式得到所需的左端形式了.这里的(2)式就是一个辅助不等式,它在归纳过渡中起着船和桥梁的作用.

(2)式的证明并不困难.事实上,我们有

$$a^{k+1} + b^{k+1} - (ab^k + a^k b)$$
$$= (a^k - b^k)(a - b),$$

由于 $a^k - b^k$ 与 $a - b$ 总是保持相同的符号,所以它们的乘积恒为非负,可见确有(2)式成立.这样,我们便可结合(1)式,得到所需要的 $n = k + 1$ 时的左端形式了.可见命题对一切正整数 n 都成立.

【例 2】 设 $a > 0, b > 0$,且 $\dfrac{1}{a} + \dfrac{1}{b} = 1$.证明,对一切正整数 n,都有

$$(a + b)^n - a^n - b^n \geqslant 2^{2n} - 2^{n+1}.$$

当 $n = 1$ 时,左右两式皆为零,命题成立.假设当 $n = k$ 时,命题也成立,即有

$$(a + b)^k - a^k - b^k \geqslant 2^{2k} - 2^{k+1},$$

要证 $n = k + 1$ 时,命题仍然成立.

此时,我们有

左式 $= (a + b)^{k+1} - a^{k+1} - b^{k+1}$

$$= (a + b)\left[(a + b)^k - a^k - b^k\right] + a^k b + a b^k. \quad (3)$$

不难看出,即使我们在这里将归纳假设代入上式,也不能得到所需要的右端形式.而为了能得到所要的右端形式,就需要分别对 $a + b$ 和 $a^k b + a b^k$ 作出适当的估计.那么为了能做到这一点,我们需要来对已知条件作较为细致的分析.

由于 $\dfrac{1}{a} + \dfrac{1}{b} = 1$,故知有

$$ab = a + b. \quad (4)$$

再由 $(a + b)\left(\dfrac{1}{a} + \dfrac{1}{b}\right) = 2 + \dfrac{b}{a} + \dfrac{a}{b} \geqslant 4$,可得

$$ab = a + b \geqslant 4. \quad (5)$$

于是就有

$$a^k b + a b^k \geqslant 2 \sqrt{a^k b \cdot a b^k} = 2 \sqrt{(ab)^{k+1}}$$
$$\geqslant 2 \cdot 2^{k+1} = 2^{k+2}. \quad (6)$$

至此,我们已对 $a + b$ 和 $a^k b + a b^k$ 分别给出了适当的估计.接下来,只需分别将(5),(6)两式代入(3)式,即可得到所需要的右端形式.可见当 $n = k + 1$ 时,命题也是成立的.因此对一切正整数 n,命题都能成立.

在这里,(5)式和(6)式便是帮助实现归纳过渡的辅助命题.其中(5)式其实就是 $n = 2$ 时的原命题,可见它们的出现是非常自然的.

【例3】　凸 $2n + 1$ 边形的每一顶点被分别涂上了三种颜色中的一种颜色,并且每两个相邻顶点所涂颜色不同.证明,可以用互不相交的对角线,将 $2n + 1$ 边形分成若干个三角

形,使每个三角形的三个顶点都分别涂有 3 种不同颜色.

将三种颜色分别记为 1,2,3 号色.

当 $n=1$ 时,$2n+1$ 边形即为三角形.由于每两个相邻顶点所涂颜色均不相同,知它的三个顶点被分别涂为 1,2,3 号颜色,结论成立.

假定当 $n=k$ 时结论成立,也就是说,对任何 $(2k-1)$ 边形,只要按题目所述方式给顶点涂色,就一定能用互不相交的对角线将其分成符合要求的三角形.我们来证明当 $n=k+1$ 时,即对 $(2k+1)$ 边形,结论仍成立.将 $(2k+1)$ 边形的顶点依次记为 $A_1,A_2,\cdots,A_{2k+1}$.

首先来证明一个辅助命题:在按题目所述方式涂色的 $(2k+1)$ 边形中,一定能够找到三个相邻的顶点,它们恰好分别涂为三种不同颜色.用反证法.假设不存在这样的三个相邻顶点.于是由于每两个相邻顶点所涂颜色不同,知每个顶点的两侧相邻顶点均应涂为相同颜色,否则这三个顶点就恰好是分别涂有三种不同颜色的了.但这样一来,$A_1,A_3,\cdots,$ A_{2k+1} 就均应被涂为同一种颜色,然而 A_1 与 A_{2k+1} 是相邻顶点,它们不应同色,是为矛盾,故知辅助命题成立.

下面我们继续来证明问题本身.设 $2k+1$ 边形的顶点 A_{i-1},A_i,A_{i+1} 恰好分别着有 1,2,3 号色.那么根据涂色规则,顶点 A_{i-2} 就只能涂为 2 或 3 号色,顶点 A_{i+2} 就只能涂为 1 或 2 号色(我们约定 $A_0=A_{2k+1}$,$A_{-1}=A_{2k}$,$A_{2k+2}=A_1$,$A_{2k+3}=A_2$).这样,如果依次列出顶点 A_{i-2},A_{i-1},A_i,A_{i+1},A_{i+2} 所涂的颜色代号,就只能有如下的四种不同情况:

21231,31231,21232,31232(图 19).

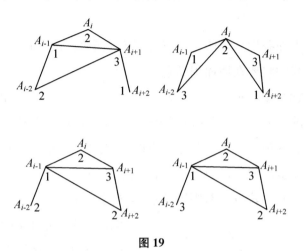

图 19

对于每一种情况,我们总能利用两条不相交的对角线分出两个符合要求的三角形,并且还剩下一个符合题述条件的 $(2k-1)$ 边形(图 19).由归纳假设,该 $(2k-1)$ 边形也可以用互不相交的对角线分为若干个合乎要求的三角形.由数学归纳法原理知命题对任何正整数 n 成立.

我们已经看到,上述论证的每一步都是紧密扣着几何图形、几何背景进行的,并且运用了穷举情况以作归纳过渡的手法.整个论证过程的关键思路是:设法从 $(2k+1)$ 边形中切出两个合乎要求的三角形来,而且要使得剩下的 $(2k-1)$ 边形仍然满足题设条件.因此首先就要证明这样的两个三角形是存在的,同时还要顾及剩下的 $(2k-1)$ 边形所要满足的条件!因此对四种不同的情况采用了三种不同的切法.这一些都是颇具匠心并且是在运用"退下来"的手法处理问题时所应当注意的.而以上各点的实现则都离不开所引入的辅助命题.

下面我们来证明一个有关平面点集的凸包的命题,这个命题我们将要在后面用到它.

【例4】　对于任何由 $n(\geqslant 3)$ 个不在同一直线上的点所组成平面点集,都存在一个凸多边形,它包含着这个点集,并且它的顶点都是这个点集中的点.这个凸多边形叫做这个平面点集的周界多边形,又叫做它的凸包.

证明　若 $n=3$,则因 3 点不在同一直线上,故以这 3 点为顶点的三角形即为该点集的凸包,知命题成立.假设对 $n=k$,凸包的存在性已经获证,我们要来证明对 $n=k+1$,命题也成立.

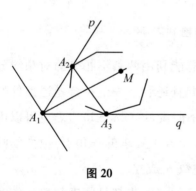

图 20

以 Z 记这 $k+1$ 个不在同一直线上的点 A_1, $A_2,\cdots,A_k,A_{k+1}$ 所构成的平面点集.在平面上任取一点 M,设 A_1 是 Z 中距 M 最远的点.连直线 A_1M,并过 A_1 作一直线垂直于 A_1M(图 20),则 Z 中其余的点都位于该直线的同一侧.

过 A_1 点引两条射线 p,q,使它们经过 Z 中的某些点,且使 Z 全都含于由它们张成的角形区域(包括边界)中.设 A_2 是射线 p 上距 A_1 最近的 Z 中的点,A_3 是射线 q 上具有类似性质的点.如果此时 $A_4,A_5,\cdots,A_{n+1}$ 全都位于

$\triangle A_1A_2A_3$ 内部,则 $\triangle A_1A_2A_3$ 就是 Z 的凸包.如果不然,我们来对 $Z-\{A_1\}$ 即由 $A_2,A_3,\cdots,A_{k+1}$ 构成的平面点集使用归纳假设,知该点集存在凸包 P.由于 P 包含在 $\angle A_2A_1A_3$ 中,所以点 A_2 和 A_3 都是多边形 P 上的顶点.

显然,多边形 P 的周界被点 A_2 和 A_3 分成了两段,其中一段位于 $\triangle A_2A_1A_3$ 之中;另一段则与 A_1 位于直线 A_2A_3 的不同侧.我们将后一段记作 L_1.并将由折线 $L_1\cup A_2A_1\cup A_1A_3$ 所围成的多边形记作 Q.我们说,Q 即为整个 Z 的凸包,理由如次:

(1)$P\subset Q$,且 $A_1\in Q$,知 $Z\subset Q$;

(2)多边形 Q 的顶点均含于 Z;

(3)可以证明,连接多边形 Q 中任意两点所成的线段均含于 Q,知 Q 为凸多边形(只需对两点均位于 $\triangle A_2A_1A_3$ 内、两点均位于 P 内、一点位于 $\triangle A_2A_1A_3$ 内另一点位于 P 内分别作出讨论,即可知断言成立).

所以命题对由 $k+1$ 个不在同一直线上的点形成的平面点集 Z 也成立.由数学归纳法原理知命题对一切整数 $n(\geqslant 3)$ 获证.

通过对以上几个问题的论证,我们可以看出,对于凡是与几何问题有关的命题,都必须紧紧扣住对几何图形的分析,有时还要深入发掘几何图形所蕴涵的信息,以帮助找到"退下来"的正确途径.而这之中,往往就伴随着对辅助命题的研究.例如,在刚才的例 4 中,在检验 Q 即是 Z 的凸包时所采用的三条标准,就起着辅导命题的作用.不仅如此,由例 4

所表述的关于凸包的存在性的命题的本身,也可以在一些其他命题的证明中起着辅助命题的作用.我们来看一个例子.

大家知道,圆和凸多边形都具有这样一种性质:即如果点 A 和点 B 是它们内部或周界上的两个不同的点,那么线段 AB 上的每一点也就都是它们内部或周界上的点.我们把具有这种性质的平面上的点集叫做凸集,即是说:

如果 M 是由同一个平面上的点所组成的集合,如果对于 M 中的任意两点 A 和 B,线段 AB 上的每一点都属于集合 M,那么就称 M 为一个平面凸集.

关于平面凸集有一个极为重要的定理,它是由奥地利数学家海莱(E. Helly)首先发现的,所以通常称为海莱定理.它的内容如下:

【例 5】　设 $M_1, M_2, \cdots, M_n (n \geqslant 3)$ 是同一平面上的凸集,其中每三者都有公共点,那么,这 n 个凸集有公共点.

我们来对凸集的个数 n 用归纳法.当 $n = 3$ 时,命题显然成立.假设命题已对 $n = k \geqslant 3$ 成立,我们要来证明命题对于 $n = k + 1$ 也成立.

首先,由归纳假设知凸集 $M_2, M_3, \cdots, M_{k+1}$ 这 k 者具有公共点 A_1;同理,凸集 $M_1, M_3, M_4, \cdots, M_{k+1}$ 这 k 者具有公共点 A_2;凸集 $M_1, M_2, M_4, \cdots, M_{k+1}$ 这 k 者具有公共点 A_3;凸集 $M_1, M_2, M_3, M_5, \cdots, M_{k+1}$ 这 k 者具有公共点 A_4.

这里,我们一共使用了四次归纳假设,得到四个点 A_1, A_2, A_3, A_4,它们分别是其中某 k 个凸集的公共点.

如果这四个点中有相同的,那么由这些点的取法,立知这个相同的点就是所有 $k+1$ 个凸集的公共点.

如果这四个点互不相同,那么就有两种可能情况:(1)四个点 A_1,A_2,A_3,A_4 同在一条直线上;(2)四个点不全在同一条直线上.

对于情形(1),为确定起见,不妨设它们在直线 l 上依次排列为 A_1,A_2,A_3,A_4,于是就有

$$A_2 \in \text{线段 } A_1A_4 \subset M_2,$$

可见 A_2 就是 $M_1,M_2,\cdots,M_{k+1}$ 这 $k+1$ 个凸集的公共点.

对于情形(2),我们来考虑点集 $\{A_1,A_2,A_3,A_4\}$ 的凸包多边形.

由例 4 的证明过程可知,该凸包多边形可能为凸四边形,也可能为三角形.

若凸包多边形即为凸四边形 $A_1A_2A_3A_4$.我们连对角线 A_1A_3 和 A_2A_4,它们在形内相交于一点 O.易知

$$O \in \text{线段 } A_1A_3 \subset M_2 \bigcap M_4,$$
$$O \in \text{线段 } A_2A_4 \subset M_1 \bigcap M_3.$$

故知点 $O \in \bigcap_{i=1}^{4} M_i$,从而它是 $M_1,M_2,\cdots,M_{k+1}$ 这 $k+1$ 个凸集的公共点.

若凸包多边形是 $\triangle A_1A_2A_3$,这时因为 A_1,A_2,A_3 均属于 M_4,所以 $\triangle A_1A_2A_3 \subset M_4$.由于 $A_4 \in \triangle A_1A_2A_3$,所以 $A_4 \in M_4$,故知 A_4 即为 $M_1,M_2,\cdots,M_{k+1}$ 这 $k+1$ 个凸集的公共点.

综合上述,知结论对 $n=k+1$ 仍成立.所以对一切正整数 $n \geq 3$,结论都成立.

由上述证明可以看到,例 4 中的命题在证明中起着至关

重要的辅助命题的作用,在实现归纳过渡时,是不能缺少的.像这种在证明其他命题时起着重要作用的命题还可举出很多.它们有些是著名的定理,有些是熟知的事实,有些则需要我们自己去发现和证明.下面再来看一个例子.

【例6】　(1)证明,任意 n 边形均可用互不相交的对角线分割成一些三角形;(2)证明,任意 n 边形的内角之和等于 $(n-2)\pi$.

当 n 边形为凸多边形时,这些事实是熟知的.但当 n 边形为非凸多边形时,这些事实就有待于我们去证明了.

当 $n=3$ 时,n 边形即为三角形,上述两个结论都显然成立.假设当 $n \leqslant k$ 时,两个结论都已成立,要证当 $n=k+1$ 时,它们也都能成立.

为了能利用归纳假设,我们当然希望能用一条对角线将 $k+1$ 边形分成两个边数都不超过 k 的多边形.而要想能找到这么一条对角线,那么前提就是要有这样的对角线存在.于是,便引出了如下的待证命题:

任何 n 边形($n \geqslant 4$)都至少有一条对角线完全位于该 n 边形的内部.

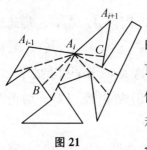

图21

如果多边形是凸的,则该命题的结论是显然的.现设多边形在其顶点 A_i 处的内角大于 π(图21).我们来延长过 A_i 点的两条边 $A_{i-1}A_i$ 和 $A_{i+1}A_i$,则它们在形内交成小于 π 的角,且分别与多边形的其他边

相交于 C 点和 B 点.如果 B 点和 C 点分别在不同的边 l_1 和
l_2 上,则这两条边各有一个顶点在 $\angle BA_iC$ 内部;如果由 A_i
点连向这两个顶点之一的线段全在形内,则该线段即为所求
的对角线;否则,当将射线 A_iB 绕 A_i 点向 l_1 的在 $\angle BA_iC$ 内
部的顶点方向旋转时,必先碰到多边形的另一顶点,由此可
知所求的对角线也存在.对于其他情形可作类似的讨论.

好了,有了如上所证的这一命题,我们的归纳过渡就可
以完成了.

当 $n = k + 1$ 时,既然多边形至少有一条对角线全在形
内,它将多边形分割为 $m + 1 \leqslant k$ 和 $k + 1 - m + 1 \leqslant k$ 边形.
对于这两个多边形,可以分别应用归纳假设,可知结论(1)能
成立;又对结论(2),因这两个多边形的内角和分别为
$(m - 1)\pi$ 和 $(k - m)\pi$,而

$$(m - 1)\pi + (k - m)\pi = (k + 1 - 2)\pi,$$

可知结论也成立.所以对任何正整数 $n \geqslant 3$.所证的两个结论
都能成立.

通过这一例题,我们再一次体会到了辅助命题对于归纳
过渡所起的重要作用.

10 转 化 命 题

　　转化命题,是处理数学问题时的一种常用手法.当一个问题从正面看不清楚时,人们就会转变一个角度来看它.而随着角度的转变,命题自身也会因此而发生变化.如能自觉地应用这一手法,会使我们在解题时处于更加主动的地位.下面就来看看,在使用数学归纳法解题时,运用转化命题手法处理问题的一些例子.

　　【例1】　证明,有无穷多个具有如下性质的正整数:(1)它们的各位数字都不为零;(2)它们都可以被自己的各位数字之和整除.

　　这一问题的本意,是要证明由具备上述两性质的正整数所组成的集合 M 是一个无限集.但由于具备这两条性质的正整数虽然很多,却很难找出它们的规律来,所以不宜于从正面去考虑,我们来将眼光转向如下的一些正整数:

$$111,111111111,\cdots,\underbrace{111\cdots111}_{\text{共}3^n\text{个}1},\cdots \qquad (\ast)$$

显然,它们都具备上述的性质(1),而且有无穷多个.如果我们能证得它们也都具备性质(2),那么它们不就构成了 M 的一个子集了吗?而且是一个无限子集.既然 M 的一个子集为无限集合,那么 M 自身就当然更是无限集合了.就这样,通过这一段分析,我们便将原来的要证明 M 是无限集合的问题,转化成了证明上述的数列(∗)中的每一项都具备性质(2)的问题. 而这样一来,也就为使用数学归纳法提供了可能性.

当 $n=1$ 时,我们有

$$111 \div (1+1+1) = 111 \div 3 = 37$$

知数列(∗)中的第 1 项具备性质(2).

假设当 $n=k$ 时,断言已成立,即 $\underbrace{111\cdots111}_{3^k 个1}$ 可被 $\underbrace{(1+1+1+\cdots+1+1+1)}_{3^k 个1} = 3^k$ 整除,要证当 $n = 3^{k+1}$ 时,断言也成立. 我们有

$$\underbrace{111\cdots111}_{3^k 个1} = \underbrace{111\cdots111}_{3^k 个1} \times 1\underbrace{0\cdots01}_{}\underbrace{0\cdots01}_{各(3^k-1)个0}$$

上式右端的第二个因数显然可被 3 整除,而由归纳假设可知,上式右端的第一个因数是 3^k 的倍数,因此知上式左端是 3^{k+1} 的倍数,亦即当 $n = k+1$ 时,断言也成立.

就这样,由数学归纳法原理,我们便完成了对命题的证明.

【例 2】 已知数列 $\{a_n\}$ 按如下方式所定义:

$$a_1 = a_2 = 1; \quad a_n = \frac{a_{n-1}^2 + 2}{a_{n-2}}, \quad n \geqslant 3.$$

证明,数列中的每一项都是整数.

解答本题自然应当使用数学归纳法. 而且 a_1 和 a_2 显然是整数. 但是,当我们假定 a_k 和 a_{k-1} 都是整数后,却很难由

所给的递推关系式得出 a_{k+1} 也是整数的断言来. 这就迫使我们要设法转变角度来考虑问题. 为此, 我们先来多看一些具体项.

由所给的递推公式, 不难算出, 数列中的前若干项是: 1, 1, 3, 11, 41, 153, ⋯. 这样的考察, 不禁使我们萌发一个念头: 该数列会不会有另外一个递推关系式? 更具体地说, 会不会有形如(1)的递推关系式:

$$a_n = \alpha a_{n-1} + \beta a_{n-2}, \quad n \geqslant 3, \qquad (1)$$

其中 α 和 β 都是整数; 如果要是有的话, 那该有多好啊!

既然有了这样的想法, 那么我们就来试一试吧! 将 $n = 3$ 和 4 分别代入(1)式, 可得

$$\begin{cases} \alpha + \beta = 3, \\ 3\alpha + \beta = 11. \end{cases}$$

解这个线性方程组, 得到 $\alpha = 4, \beta = -1$. 于是所面临的问题变成了: 数列 $\{a_n\}$ 是否满足递推关系式

$$a_n = 4a_{n-1} - a_{n-2}, \quad n \geqslant 3? \qquad (2)$$

当然, 要是这个问题能够得到肯定的回答, 那么原来问题中的结论就变得一目了然了. 为了要解答这个问题, 自然就还要靠数学归纳法.

当 $n = 3$ 时, 显然是满足的. 假定当 $n = k$ 时, (2)式仍能被满足, 要证 $n = k + 1$ 时, (2)式也能被满足. 由于此时我们有

$$a_{k+1} = \frac{a_k^2 + 2}{a_{k-1}}, \qquad (3)$$

$$a_k = \frac{a_{k-1}^2 + 2}{a_{k-2}}, \tag{4}$$

由(4)式可得

$$2 = a_k a_{k-2} - a_{k-1}^2. \tag{5}$$

将(5)式代入(3)式,并利用归纳假设,即得

$$a_{k+1} = \frac{a_k^2 + a_k a_{k-2} - a_{k-1}^2}{a_{k-1}} = \frac{a_k(a_k + a_{k-2})}{a_{k-1}} - a_{k-1}$$

$$= \frac{a_k \cdot 4a_{k-1}}{a_{k-1}} - a_{k-1} = 4a_k - a_{k-1}.$$

这就表明,当 $n = k+1$ 时,(2)式也被满足.综合上述,即可由数学归纳法原理断言:(2)式确实是数列 $\{a_n\}$ 的递推公式.

至此,原问题中的结论便不证自明了.

【例3】 设 $\{a_n\}$ 中的每一项都是正整数,并有

$$a_1 = 2;\ a_2 = 7;\ -\frac{1}{2} \leqslant a_n - \frac{a_{n-1}^2}{a_{n-2}} \leqslant \frac{1}{2},\ n \geqslant 3.$$

证明,自第二项开始,数列的各项都是奇数.

与例2相仿,本题也很难直接用数学归纳法来从正面解决.我们还是先来看一些具体项.

容易验证,数列 $\{a_n\}$ 可由所给条件唯一确定,而且数列中的前若干项是:2,7,25,89,317,….这令我们猜想,数列 $\{a_n\}$ 也具有形如(1)式的递推关系式.于是我们也来用与例2相类似的方法,定出 α 和 β 来.

将 $n = 3$ 和 4 分别代入(1)式,即可得到

$$\begin{cases} 7\alpha + 2\beta = 25, \\ 25\alpha + 7\beta = 89. \end{cases}$$

解此方程,可得 $\alpha = 3, \beta = 2$. 这就是说,如果正整数列 $\{a_n\}$ 具有形如(1)式的递推关系式的话,那么这个递推关系式就是

$$a_n = 3a_{n-1} + 2a_{n-2}, \quad n \geqslant 3. \tag{6}$$

而且,如果(6)式确实是 $\{a_n\}$ 的递推关系式的话,那么当 a_k 和 a_{k-1} 均为奇数时,a_{k+1} 也一定会是奇数的. 因而对问题本身结论的证明,也就变得一目了然了. 因此,以下的问题就归结为证明正整数列 $\{a_n\}$ 的确满足递推关系式(6).

而为了要证明这一结论,我们要来证明:

由法则

$$b_1 = 2; \quad b_2 = 7; \quad b_n = 3b_{n-1} + 2b_{n-2}, \quad n \geqslant 3$$

所定义的数列 $\{b_n\}$ 即能满足题目所加于数列 $\{a_n\}$ 的不等式条件.

细心的读者可能会理解,为什么我们在这里所使用的符号一下子由 a_n 变成了 b_n? 事实上,我们是在这里运用"同一法",即证明按如上法则所定义的数列 $\{b_n\}$ 就是 $\{a_n\}$,因而 $\{b_n\}$ 的递推式也就是 $\{a_n\}$ 的递推式.

我们有

$$b_n - \frac{b_{n-1}^2}{b_{n-2}} = \frac{1}{b_{n-2}}(b_n b_{n-2} - b_{n-1}^2), \quad n \geqslant 3.$$

而当 $n > 3$ 时,又有

$$\begin{aligned} b_n b_{n-2} - b_{n-1}^2 &= (3b_{n-1} + 2b_{n-2})b_{n-2} - b_{n-1}(3b_{n-2} + 2b_{n-3}) \\ &= -2(b_{n-1}b_{n-3} - b_{n-2}^2). \end{aligned}$$

于是,由归纳法可证,当 $n \geqslant 3$ 时,有

$$b_n b_{n-2} - b_{n-1}^2 = (-2)^{n-3}.$$

又由$\{b_n\}$所满足的递推关系式.容易用归纳法证得 b_n $\geqslant 2^n, n \geqslant 1$.因此就有

$$-\frac{1}{2} < b_n - \frac{b_{n-1}^2}{b_{n-2}} \leqslant \frac{1}{2}, \quad n \geqslant 3.$$

故知$\{b_n\}$的确满足$\{a_n\}$所满足的条件,因而$\{b_n\}$就是$\{a_n\}$,从而$\{a_n\}$具有递推关系式(6).

由(6)式,并结合归纳法,即知当 $n \geqslant 2$ 时,a_n 皆为奇数.这样,我们便完成了全部证明.

对以上几个例题,我们都是通过转换命题来达到所要证明的目的的.从对这些问题的处理中,我们可以体会到命题的转化在证题中所起的开启门径的作用.下面我们要来谈谈,命题转化在降低论证难度方面所带来的好处.

【例 4】 设 $a_1 = 1, a_2, a_3, \cdots$ 是一个由正整数构成的无穷数列,当 $m > 1$ 时,有不等式

$$a_m \leqslant 1 + a_1 + a_2 + \cdots + a_{m-1},$$

证明,每个正整数 n 都可以表示成这个数列中的若干项的和(包括项数为 1 的情形).

为方便计,我们约定 $a_0 = 0$.显然,对每个正整数 n,都可以找到一个 m,使得

$$n > a_1 + \cdots + a_{m-1}$$

及

$$0 < n \leqslant a_1 + \cdots + a_{m-1} + a_m.$$

显然,如果我们能证得:"n 可以表示成 $a_1, \cdots, a_m$ 之中的某些项之和或即为其中的某一项",那么原命题即可得证.

而这里的命题要比原命题目标更明确,因而比原命题更易于处理.下面就用两种方法来证明.

证法 1　我们来对 m 施用数学归纳法.

如果 $m=1$,那么显然有 $n=1$,从而,$n=a_1$,知命题成立.假设当 $m \leqslant k$ 时命题成立,要证当 $m=k+1$ 时命题也成立.由于此时

$$a_1 + a_2 + \cdots + a_k < n \leqslant a_1 + a_2 + \cdots + a_k + a_{k+1},$$

所以知有

$$1 + a_1 + a_2 + \cdots + a_k \leqslant n \leqslant a_1 + a_2 + \cdots + a_k + a_{k+1}.$$

于是由题设条件知

$$0 \leqslant n - a_{k+1} \leqslant a_1 + a_2 + \cdots + a_k,$$

因此或者有 $n - a_{k+1} = 0$,即 $n = a_{k+1}$,或者可对正整数 $n - a_{k+1}$ 找到某个 $m_1 \leqslant k$,使得

$$n - a_{k+1} > a_1 + \cdots + a_{m_1 - 1},$$

及

$$0 \leqslant n - a_{k+1} \leqslant a_1 + \cdots + a_{m_1 - 1} + a_{m_1},$$

因而可对 $n - a_{k+1}$ 使用归纳假设,知其或者等于 $a_1, \cdots, a_{m_1}$ 中某项,或者等于其中某些项之和,从而知 n 是 $a_1, \cdots, a_{k+1}$ 中某些项之和.所以命题当 $m=k+1$ 时仍成立.故知对一切正整数 n.所证之命题皆成立.

证法 2　我们来对 n 施用数学归纳法.

当 $n=1$,显然有 $n=a_1$,知命题成立.

假设当 $n \leqslant k$ 时命题均已成立,要证 $n=k+1$ 时命题也成立.由于我们有

$$a_1 + \cdots + a_{m-1} < n \leqslant a_1 + \cdots + a_{m-1} + a_m,$$

所以如果记 $t = a_1 + \cdots + a_{m-1} + a_m - n$,则有

$$0 \leqslant t < a_m \leqslant 1 + a_1 + \cdots + a_{m-1},$$

故知有 $0 \leqslant t \leqslant a_1 + \cdots + a_{m-1} < n$,即有 $0 \leqslant t \leqslant k$.

若 $t = 0$,则 $n = a_1 + \cdots + a_{m-1} + a_m$,知命题成立;若 $0 < t \leqslant k$,则可应用归纳假设于 t,知对某 $m_1 \leqslant k$, t 或者等于 $a_1, \cdots, a_{m1}$ 中某项,或者为其中某些项之和.于是再由

$$n = a_1 + \cdots + a_{m-1} + a_m - t$$

知命题对 $n = k + 1$ 也成立.所以由数学归纳法原理知命题对一切正整数 n 都成立.

【例5】 证明,对任何正整数 n,都存在一个正整数 m,使得下述等式成立:

$$(\sqrt{2} - 1)^n = \sqrt{m} - \sqrt{m-1}. \tag{7}$$

本题的一个姊妹题在 2012 年北京大学等校自主招主联合考试中,曾作为数学试卷的最后一题.该题是:

证明,对任何正整数 n,都存在一个正整数 m,使得

$$(1 + \sqrt{2})^n = \sqrt{m} + \sqrt{m-1}.$$

下面来一并给出解答.

将 $(1 + \sqrt{2})^n$ 按二项式定理展开,可知其中有一部分项是正整数,另一部分项是 $\sqrt{2}$ 的正整数倍,意即存在正整数 a 和 b,使得

$$(1 + \sqrt{2})^n = a + b\sqrt{2} = \sqrt{a^2} + \sqrt{2b^2}.$$

在上式两端用 $-\sqrt{2}$ 取代 $\sqrt{2}$,得到

$$(1-\sqrt{2})^n = \sqrt{a^2} - \sqrt{2b^2}. \tag{8}$$

将上述两式相乘,可知

$$a^2 - 2b^2 = (-1)^n. \tag{9}$$

所以我们只要证明:满足(8)式的 a 和 b 都能满足(9)式即可.

当 $n=1$ 时,取 $a=b=1$.即知(8)和(9)式都成立.假设当 $n=k$ 时,存在满足(8)和(9)式的 a 和 b.那么当 $n=k+1$ 时,就有

$$\begin{aligned}
(1-\sqrt{2})^{k+1} &= (1-\sqrt{2})^k \cdot (1-\sqrt{2}) \\
&= (\sqrt{a^2} - \sqrt{2b^2})(1-\sqrt{2}) \\
&= (a+2b) - (a+b)\sqrt{2} \\
&= \sqrt{(a+2b)^2} - \sqrt{2(a+b)^2}.
\end{aligned}$$

如果取 $a_1 = a+2b$, $b_1 = a+b$,则 a_1, b_1 皆为正整数,且对 $n=k+1$ 使得(8)式成立,又因

$$\begin{aligned}
a_1^2 - 2b_1^2 &= (a+2b)^2 - 2(a+b)^2 \\
&= -a^2 + 2b^2 = -(a^2 - 2b^2) = (-1)^{k+1},
\end{aligned}$$

知 a_1, b_1 亦可使(9)式成立.所以正整数 a_1, b_1 确为所求.综上即知,对一切正整数 n,我们的断言都成立,从而知原命题也都成立.

在以上两例中,我们都是通过证明一个略比原命题广泛,但却比原命题易于处理的命题来代替对原命题的证明.这种手法通常叫做强化命题,在数学归纳法中极为常用,在下一节中,我们还要做进一步的讨论.

现在,我们来看另一种常用的命题转化形式,即先证一个比原命题为弱的命题,然后以此为基础,再去解决原命题.

【例 6】 设函数 f 对一切正整数 n 都有定义,$f(n)$ 皆为正整数,且有 $f(n+1)>f(f(n))$. 证明,对一切正整数 n,都有 $f(n)=n$.

由于这里,题目中的条件以不等号的形式给出,而结论却以等号面目出现,恐难一步证明成功. 为此,我们先来考虑一个较弱的命题:

命题(B) 若正整数 $m\geqslant n$,则有 $f(m)\geqslant n$.

在证得这个命题(B)之后,再向 $f(n)=n$ 的目标进军.

对 n 使用归纳法.

当 $n=1$ 时,由于对一切正整数 $m\geqslant 1$,都有 $f(m)\geqslant 1$,知命题(B)成立.

假设当 $n=k$ 时,命题(B)已成立,要证当 $n=k+1$ 时,命题(B)也成立,也就是要证对一切 $m\geqslant k+1$,都有 $f(m)\geqslant k+1$.

由于当 $m\geqslant k+1$ 时,有 $m-1\geqslant k$,因此由归纳假设可知,有 $f(m-1)\geqslant k$. 注意到 $f(m-1)$ 也是一个正整数,既然它不小于 k,于是再次由归纳假设便知,有 $f(f(m-1))\geqslant k$. 再由题目条件,即得

$$f(m)=f((m-1)+1)>f(f(m-1))\geqslant k.$$

既然 $f(m)$ 是大于 k 的正整数,当然就有

$$f(m)\geqslant k+1.$$

所以当 $n=k+1$ 时,命题(B)也成立.

这样,我们便证得了,对一切正整数 n,命题(B)都成立.
下面再证,对一切正整数 n,都有 $f(n)=n$.

在命题(B)中取 $m=n$,即得

$$f(n) \geqslant n. \tag{10}$$

结合题目条件和不等式(10),就又有

$$f(n+1) > f(f(n)) \geqslant f(n).$$

这表明 f 严格上升,且有 $n+1 > f(n)$.与(10)式相联立,
即得

$$n \leqslant f(n) < n+1.$$

既然 $f(n)$ 是正整数,故知必有 $f(n)=n$.这样便证得了所需
的结论.

在这里,命题(B)虽较原命题为弱,但却起到了减弱证明
难度、分散证明难点的作用,因此是十分可取的.

最后,我们来谈谈命题论证中有时会出现的一种有趣的
"连环套"现象.对付这种现象的一种有效的办法就是:将原
来对一串命题的证明变成同时证明两串命题.下面是一个
例子.

【例7】 证明,在斐波拉契数列中,有

$$F_{n+1}^2 + F_n^2 = F_{2n+1}. \tag{11}$$

当 $n=1$ 时,(11)式显然成立.假设当 $n=k$ 时,(11)式
也成立.即有 $F_{k+1}^2 + F_k^2 = F_{2k+1}$.于是就有

$$\begin{aligned}
F_{k+2}^2 + F_{k+1}^2 &= (F_{k+1} + F_k)^2 + F_{k+1}^2 \\
&= (F_{k+1}^2 + F_k^2) + (2F_{k+1}F_k + F_{k+1}^2) \\
&= F_{2k+1} + (2F_{k+1}F_k + F_{k+1}^2). \tag{12}
\end{aligned}$$

在(12)式的最后一步中,我们使用了归纳假设,但仍未得到所需要的结论.比较(12)式与所需的结论,发现我们还应再证明

$$2F_{k+1}F_k + F_{k+1}^2 = F_{2k+2}.$$

但由正整数 k 的任意性知道,这实际上就是要我们证明,对一切正整数 n 都有

$$2F_{n+1}F_n + F_{n+1}^2 = F_{2n+2}. \tag{13}$$

对此,我们仍来使用数学归纳法.当 $n = 1$ 时,$2F_2 \cdot F_1 + F_2^2 = 3$,而 $F_4 = F_3 + F_2 = F_1 + 2F_2 = 3$,知等式(13)成立.假定当 $n = k$ 时等式(13)也成立,即

$$2F_{k+1}F_k + F_{k+1}^2 = F_{2k+2},$$

于是当 $n = k + 1$ 时,就有

$$\begin{aligned}
&2F_{k+2}F_{k+1} + F_{k+2}^2 \\
&= 2(F_{k+1} + F_k)F_{k+1} + F_{k+2}^2 \\
&= (2F_{k+1}F_k + F_{k+1}^2) + (F_{k+1}^2 + F_{k+2}^2) \\
&= F_{2k+2} + (F_{k+2}^2 + F_{k+2}^2). \tag{14}
\end{aligned}$$

而为了证明 $n = k + 1$ 时的等式(13),我们就又需要证明 $F_{k+1}^2 + F_{k+2}^2 = F_{2k+3}$,这样我们就又回到了原来的问题.这就好像打了一个圈圈后又回到了原地.可见我们在此处所引入的命题,完全是一个与原来的命题相等价的命题,两者的成立是相互依存的.为了摆脱这一困境,还是让我们同时来考虑这两串命题吧!

记

$$P(n): F_{n+1}^2 + F_n^2 = F_{2n+1},$$

$$Q(n): 2F_{n+1}F_n + F_{n+1}^2 = F_{2n+2}.$$

则由上面的推导已知 $P(1)$ 和 $Q(1)$ 成立;而且若 $P(k)$ 与 $Q(k)$ 成立,则由(12)式即可推知 $P(k+1)$ 成立;接着再由(14)式,即知可由 $P(k+1)$ 和 $Q(k)$ 推出 $Q(k+1)$ 成立.由此完成整个归纳过程,获知对一切正整数 n,$P(n)$ 和 $Q(n)$ 都成立.

像例 7 中所遇到的这种两串命题相互依存的现象,并非是绝无仅有的.由上面的证明过程看出,一旦遇到这种"连环套",那么破套的最好办法就是两串命题一起考虑!

【例 8】 锐角三角形被一条直线分成了两个部分(不一定是三角形),然后,其中的一部分又被直线分为两部分,如此一直下去,即每一次都从已有的各个部分中选出一个,沿直线把它分成两个部分.有趣的是,经过若干步以后,原来的三角形刚好被分成一系列的三角形.试问,这些三角形能否都是钝角三角形?

本题的答案是"不可能",但不容易一下子看出结论,需要进行若干步观察.

通过观察,容易发现,所得到的各个部分都是凸多边形.再经过进一步的探究,还可发现:在每一步分割之后,都能从所得的各个多边形中找到一者,它至少具有三个非钝角.这就是开门的钥匙.

我们来用归纳法证明这个结论,对所分出的多边形的数目作归纳.

开始时,仅有一个三角形,它的三个内角都是锐角,断言成立.

假设到某一步为止,在依次进行的每一步上断言都成立,特别地,在这一步上,存在一个多边形 M,它至少有三个非钝角.我们来看下一步的分割.

如果下一步所用的直线 l 不穿过 M,那么 M 依然存在,断言显然成立.如果直线 l 穿过 M,那么 M 被分成了两个部分.将直线 l 与 M 的边界的两个交点分别记为 A 和 B.

如果交点 A 在 M 的某条边的内部,则 M 的该条边被 l 分成两段,且在 l 与该条边所交出的两个角中至少有一个非钝角.如果交点 A 是 M 的一个顶点,则 l 将 M 在顶点 A 处的内角分成两个角,其中显然有一个为非钝角(由于 M 是凸多边形,它的每个内角都小于 $180°$),特别地,如果 M 在顶点 A 处的内角本身就是非钝角,那么所分成的两个角就都是非钝角.总之,这次分割之后,在交点 A 处都增加了一个非钝角.同理,在交点 B 处也增加了一个非钝角.

根据归纳假设,在 M 中原来至少有 3 个非钝角,现在则增加到了至少 5 个,它们被直线 l 分隔在两个新得的多边形中,其中一个当然有不少于 3 个.至此,归纳过渡完成,断言获证.

如此一来,正如断言所说,在最终所得的一系列三角形中,必有一个三角形的三个内角都是非钝角,它当然不是钝角三角形,从而不可能都是钝角三角形.

11 主动强化命题
——归纳法使用中的一种重要技巧

正如我们在第 9 节的例 4 和例 5 中所看到的,有时证明一个较强的命题反而会比证原来的命题显得容易.这件事乍一想来,似乎有些难以理解.但如果仅就数学归纳法来看,却很容易得到解释.

我们可以设想一下,一个较弱的命题,在作第一步验证时,可能较易实现.但所作的归纳假设也就相对较弱,因而归纳过渡起来就可能会较难.相反地,一个强化了的命题,在作第一步验证时,可能会麻烦一些.但是却因此而换来了一个较强的归纳假设,因此在作归纳过渡时,反而会处于较为有利的位置,因而有时会更易于实现过渡.

正是由于如上所述的一些理由,主动强化命题的做法已成为数学归纳法使用中的一种重要技巧,被广泛地应用着.

【例 1】 设 $A_n = 3^{3^{\cdot^{\cdot^{\cdot^3}}}}$,$B_n = 8^{8^{\cdot^{\cdot^{\cdot^8}}}}$,其中 A_n 中共有 n 重 3,B_n 中共有 n 重 8.证明,对一切正整数 n,都有 $A_{n+1} > B_n$.

我们先来试着证明命题本身.

当 $n = 1$ 时,有

$$A_2 = 3^3 = 27 > 8 = B_1, \tag{1}$$

知命题成立.假设当 $n = k$ 时命题成立,即 $A_{k+1} > B_k$;要证

当 $n = k + 1$ 时,命题也成立. 我们有

$$A_{(k+1)+1} = A_{k+2} = 3^{A_{k+1}} > 3^{B_k}, \qquad (2)$$

但是却有

$$B_{k+1} = 8^{B_k}, \qquad (3)$$

因此要想由(2),(3)两式推出 $A_{k+2} > B_{k+1}$,确实并非易事.

但是,如果我们仔细考查(1)式,就不难发现,其中还大有潜力可挖. 事实上,我们可有

$$A_2 = 3^3 = 27 > 24 = 3 \cdot 8 = 3B_1. \qquad (4)$$

这个发现启发了我们,使我们想到:能否假设当 $n = k$ 时,也有 $A_{k+1} > 3B_k$;再证明当 $n = k + 1$ 时,仍有 $A_{k+2} > 3B_{k+1}$ 呢? 好吧,就让我们来试一试吧!

假定已有 $A_{k+1} > 3B_k$,那么当 $n = k + 1$ 时,就有

$$A_{k+2} = 3^{A_{k+1}} > 3^{3^{B_k}} = (3^3)^{B_k} = 27^{B_k}$$

$$> 24^{B_k} = 3^{B_k} \cdot 8^{B_k} > 3 \cdot 8^{B_k} = 3B_{k+1}. \qquad (5)$$

(5)式表明我们的尝试成功了! 再结合(4)式,便由数学归纳法原理可知,我们在事实上已经证明了:对一切正整数 n,都有

$$A_{n+1} > 3B_n. \qquad (6)$$

当然,也就更有 $A_{n+1} > B_n$ 了!

在这里,我们便是通过证明一个强化了的不等式(6)来达到证明原结论的目的的. 这个强化了的不等式由于具有较强的归纳假设,因而在作归纳过渡时,反而显得更加容易. 这便是主动强化命题所带来的好处.

回顾例 1 的解答过程,我们还可以从中领会到一些重要

经验,例如:何时应当强化命题? 如何去强化命题? 等等.这些问题显然都是我们在解题时经常要碰到,而且迫切需要解决的,我们建议读者认真地考虑考虑.

在这里,我们还要强调一点,那就是:在我们验证了 $n=1$ 时的强化后的命题,并作了强化后的归纳假设之后,对于 $n=k+1$ 也一定要推出强化后的结论来,而不是仅仅推出原命题中的结论就够了的.这是因为,我们在仅仅验证了 $n=1$ 时有强化的命题成立之后,就作了强化的归纳假设,这本身就等于承认了这个强化了的结论是有承继性的.那么,究竟有没有承继性呢? 那就要看能否由 $n=k$ 时的强化结论推出 $n=k+1$ 时的强化结论来了.如果能推出,那就表明这个强化了的结论可以由 $n=k$ 传给 $n=k+1$,因而也就表明我们的归纳假设是有道理的.希望读者能认真想清楚这其中的道理.

【例2】 设 $0<a<1$.定义

$$a_1=1+a; \quad a_n=\frac{1}{a_{n-1}}+a, \quad n\geq 2.$$

证明,对一切正整数 n,都有 $a_n>1$.

我们也来先证明命题本身.

当 $n=1$ 时,有 $a_1=1+a>1$,命题当然成立.

假设当 $n=k$ 时,也有命题成立,即有 $a_k>1$.要证当 $n=k+1$ 时,仍有命题成立,亦即有 $a_{k+1}>1$.可是,这时我们却只能得到

$$a_{k+1}=\frac{1}{a_k}+a<1+a,$$

这完全不是我们所要的结论.可见,就原命题证明原命题是

难以奏效的.

　　分析刚才的挫折,发现我们要想能顺利地实现归纳过渡,就不仅应对 a_n 给出一个下界估计(即大于 1),还应对 a_n 给出一个上界估计.那么,我们就来试一试吧!

　　对 $n=1$,我们有 $a_1=1+a>1$,且有

$$a_1=1+a=\frac{1-a^2}{1-a}<\frac{1}{1-a}.$$

假设对 $n=k$,也有 $1<a_k<\dfrac{1}{1-a}$,那么当 $n=k+1$ 时,我们就有

$$a_{k+1}=\frac{1}{a_k}+a>\frac{1}{\dfrac{1}{1-a}}+a=(1-a)+a=1,$$

以及

$$a_{k+1}=\frac{1}{a_k}+a<1+a=\frac{1-a^2}{1-a}<\frac{1}{1-a}.$$

可见也有 $1<a_{k+1}<\dfrac{1}{1-a}$.这样,我们就在事实上证明了,对一切正整数 n,都有

$$1<a_n<\frac{1}{1-a}.$$

当然也就有 $a_n>1$.

　　【例3】　已知 $a_1=1,a_2=2$,而当 $n\geqslant3$ 时有

$$a_n=\begin{cases}5a_{n-1}-3a_{n-2},\text{若 }a_{n-2}\cdot a_{n-1}\text{为偶数}\\a_{n-1}-a_{n-2},\text{若 }a_{n-2}\cdot a_{n-1}\text{为奇数}\end{cases}$$

证明,对一切正整数 n,都有 $a_n\neq0$.

显然,在这里有 $a_1 \neq 0, a_2 \neq 0$.但若假设 $a_{k-1} \neq 0, a_k \neq 0$,却很难由所给的递推关系式断言 $a_{k+1} \neq 0$.可见就原命题证明原命题也很难奏效.

我们先来观察数列中的一些具体项.不难算出,最初的一些项依次是:$1, 2, 7, 29, 22, 23, 49, 26, -17, \cdots$.它们显然都不是零,不过其中既有奇数,也有偶数.但是,进一步的细致观察告诉我们,其中没有 4 的倍数,而且它们被 4 除的余数依次是:$1, 2, 3, 1, 2, 3, 1, 2, 3, \cdots$,有着非常明显的规律.这就启发我们猜测,可能对一切 n,都会有

$$a_{3n-2} \equiv 1 (\mathrm{mod}\, 4), \quad a_{3n-1} \equiv 2 (\mathrm{mod}\, 4), \quad a_{3n} \equiv 3 (\mathrm{mod}\, 4).$$

如果这一猜测真能成立,那么数列中的一切项当然也就不可能为零了(因为零是 4 的倍数).

好吧,下面就让我们来试一试吧!

显然,$a_1 = 1 \equiv 1 (\mathrm{mod}\, 4)$,$a_2 = 2 \equiv 2 (\mathrm{mod}\, 4)$,$a_3 = 7 \equiv 3 (\mathrm{mod}\, 4)$,可见我们的猜测在 $n = 1$ 时成立.

假设当 $n = k$ 时,我们的猜测也成立,即有

$$a_{3k-2} \equiv 1 (\mathrm{mod}\, 4), \quad a_{3k-1} \equiv 2 (\mathrm{mod}\, 4), \quad a_{3k} \equiv 3 (\mathrm{mod}\, 4),$$

那么当 $n = k + 1$ 时,由数列的递推公式可知

$$a_{3k+1} = 5a_{3k} - 3a_{3k-1} \equiv 15 - 6 = 9 \equiv 1 (\mathrm{mod}\, 4),$$

$$a_{3k+2} = a_{3k+1} - a_{3k} \equiv 1 - 3 = -2 \equiv 2 (\mathrm{mod}\, 4),$$

$$a_{3k+3} = 5a_{3k+2} - 3a_{3k+1} \equiv 10 - 3 = 7 \equiv 3 (\mathrm{mod}\, 4).$$

这就表明,当 $n = k + 1$ 时,我们的猜测也正确.故知对一切 n,我们的猜测都正确.

这样,我们便证得了一个比原命题所要求的更强的结

论:"对一切正整数 n,a_n 都不是 4 的倍数",当然也不会是零了.

除了以上三个例题所反映出的强化命题的方式外,在待证命题中引入参数也是一种常见的强化命题的方式,例如第 7 节例 4 就是这样来处理的.这种引入了参变数后的命题,当然要比原来的命题更为广泛,因此也就把原命题作为特例而蕴涵于其中了.下面再来看一个例子.

【例4】 设 $n \geqslant 2$,今有一个 $n \times n$(即 n 行 n 列)的数表,其中每两行数都不完全相同.证明,一定可以从中删去一列,使得剩下的 $n \times (n-1)$ 数表中,每两行数仍都不完全相同.

本题所涉及的数表是方的,即行数与列数相等.这种状况使得我们在作归纳过渡时,既要顾及行的方面又要顾及列的方面,因此不得不面对一个头绪纷繁的局面.而使归纳过渡难于奏效.既然如此,我们何不把考察的数表类型放得更广一些,借以来摆脱这种两头兼顾的局面呢? 正是基于这种考虑,我们来把目标转向扁宽的 $n \times m$ 数表,这里 $n \leqslant m$,即行数不超过列数(注意:在数表中,横为行,竖为列).并且设法来证明如下的命题:

命题(A) 设 $n \geqslant 2$,且设有一个 $n \times m$ 数表,其中 $m \geqslant n$,且每两行数都不全相同.那么,可以从数表中划去($m-n+1$)列数,使得在剩下的 $n \times (n-1)$ 数表中,每两行数仍都不全相同.

我们来将 m 视为参变量,而对 n 进行归纳.

当 $n=2$ 时,对任何正整数 $m \geqslant 2$,由于数表中的两行数不全相同,所以一定有某一列数中的两个数互不相同.留下这一列数,并删去其余的 $m-1$ 列数,即知此时命题(A)成立.

假设当 $n=k$ 时,对任何正整数 $m \geqslant k$,命题(A)都能成立.我们要来证明,当 $n=k+1$ 时,对任何正整数 $m \geqslant k+1$,命题(A)也能成立.

注意此时的数表中,共有 $k+1$ 行、m 列($m \geqslant k+1$)数,我们要删去($m-k$)列数.

先考虑由前 k 行数所组成的 $k \times m$ 数表.由归纳假设知,此时可以删去($m-k+1$)列数,使得剩下的 $k \times (k-1)$ 数表中,每两行数仍然都不全相同.

我们再来自第 $k+1$ 行数中,划去相应的属于上述 $m-k+1$ 列的数,并将剩下的 $k-1$ 个数,按照原来的列属关系补在上述的 $k \times (k-1)$ 数表的下端,得到一个 $(k+1) \times (k-1)$ 数表.

如果这个数表的每两行数仍然都不完全相同,那么只要从划去的 $m-k+1$ 列数中随便恢复出一列来,所得的 $(k+1) \times k$ 数表都为所求.

如果所补入的第 $k+1$ 行数与前面的某一行数完全相同,那么一定能在所划去 $m-k+1$ 列数中找出一列来,使得在这列中的这两行的数不同.只要将这一列数恢复出来,那么所得的 $(k+1) \times k$ 数表亦即为所求.

可见当 $n=k+1$ 时,命题(A)也可对一切正整数 $m \geqslant k+1$ 成立.

这样,我们便证得了,对任何正整数 $n \geqslant 2$,命题 (A) 都可对一切正整数 $m \geqslant n$ 成立.

只要在命题 (A) 中取 $m = n$,即可得到所要证明的原命题.

这里的证法与第 7 节中的例 4 完全类似.

12　将命题一般化

——通向使用数学归纳法的有效途径

　　有些数学问题,本身仅与某个正整数有关,并不涉及一串正整数 n.但是由于该正整数值过大,具体处理起来并不容易.这时,我们就可以把它看成是一个任意的正整数 n,并具体考察一下 $n=1,2,3,\cdots$ 时的各种情况,说不定就会从中发现出一些规律来.有时还可以从这些规律中归结出一个一般性的命题,并把所要解决的问题包括成其中的特殊情况.这时,就可以设法通过证明这个一般性命题,来达到解决问题的目的.有时,这样做起来甚至比直接解决问题本身还要方便.而且,这种做法的本身,也往往为使用数学归纳法来解决问题提供了途径.

　　采取这种办法来处理问题的例子可以举出很多.尤其是数学竞赛当中出现的一些与年份有关的试题,往往可以采用这种办法来解决.

　　下面我们就来看其中的一些例子.

　　【例 1】　设 a,b,c 是方程 $x^3-x^2-x-1=0$ 的三个根.证明,(i) a, b, c 互不相同;(ii)代数式 $\dfrac{a^{1990}-b^{1990}}{a-b}+\dfrac{b^{1990}-c^{1990}}{b-c}+\dfrac{c^{1990}-a^{1990}}{c-a}$ 的值是整数.

这显然是一道"年份试题".我们先来解决(i),然后再用数学归纳法来证明一个比(ii)更为一般的结论.

(i)首先,由韦达定理,可知有

$$a + b + c = 1, \quad bc + ca + ab = -1, \quad abc = 1.$$

如果有 $b = c$,则如上三式即为

$$a + 2b = 1, \quad b^2 + 2ab = -1, \quad ab^2 = 1,$$

这样,由前面两式即可解得

$$a = -1, b = 1; \quad 或 \ a = \frac{5}{3}, \ b = -\frac{1}{3}.$$

但它们都不满足第三式,故知 $b \neq c$.同理可证 $a \neq b, a \neq c$.

(ii)设 $f(n) = \dfrac{a^n - b^n}{a - b} + \dfrac{b^n - c^n}{b - c} + \dfrac{c^n - a^n}{c - a}$,我们来证明对一切非负整数 $n, f(n)$ 都是整数.

显然,$f(0) = 0, f(1) = 3$ 都是整数.又由

$$f(2) = (a + b) + (b + c) + (c + a) = 2(a + b + c) = 2,$$

知 $f(2)$ 也是整数.

假设 $f(k - 2), f(k - 1), f(k)$ 都是整数,我们要来证明 $f(k + 1)$ 也是整数.由于 a, b, c 是方程 $x^3 - x^2 - x - 1 = 0$ 的三个根,所以有

$$a^3 = a^2 + a + 1, \quad b^3 = b^2 + b + 1, \quad c^3 = c^2 + c + 1.$$

由上述三式立即推知

$$f(k + 1) = f(k) + f(k - 1) + f(k - 2),$$

于是由归纳假设知 $f(k + 1)$ 也是整数.所以对一切非负整数 $n, f(n)$ 都是整数.特别地,$f(1990)$ 也是整数.

上例中,1990 是一个较大的数字,如果直接验证 $f(1990)$

为整数,计算量是相当可观的.通过将命题一般化,转化为一个可用数学归纳法来解决的命题,不但避免了繁杂的计算,而且得到了强得多的结论,岂不美哉.下面我们再来看一个类似的例题.

【例2】 1991 个点分布在一个圆的圆周上,每个点都标上 $+1$ 或 -1.如果自某点开始,依任一方向绕圆周前进到任何一点时,所经过的数的和都是正数,则称该点是一个好点.证明,如果标作 -1 的点数少于 664,则圆周上至少有一个好点.

证明　如果记 $n=663$,则有 $1991=3n+2$.所以如果我们能够证得:"当标作 -1 的点数不超过 n 时,那么在 $3n+2$ 个点中至少有一个好点"这样一个一般性的命题的话,那么原题作为一个特例也就自然地获得了证明.

对 n 施用数学归纳法.当 $n=0$ 时,命题显然成立.假设当 $n=k$ 时命题成立.那么当 $n=k+1$ 时,先任意去掉一个标为 -1 的点,然后再在其左面和右面各去掉一个离其最近的标为 $+1$ 的点.于是在剩下的 $3k+2$ 个点中,标作 -1 的点不超过 k 个,从而由归纳假设知圆周上至少有一个好点 P.再将上面三个点放回原位,那么当由 P 点往任一方向出发时,都必然先碰到这三个点中标为 $+1$ 的点,然后才会碰到那个标为 -1 的点,所以 P 仍是这 $3(k+1)+2$ 个点中的好点.可见命题对 $n=k+1$ 仍成立.由此可知命题对一切非负整数 n 都成立.证毕.

这样,我们只要在如上的一般性结论中取 $n=663$,即可得到所要证明之结论.

【例3】　在 1999×1999 的方格表中随意剪去一格.证明,剩下的图形一定可以划分成若干个排列成 L 状的三连格.

这里所说的 L 状的三连格是指形如第 35 页图 5 的图形,通常叫做"角状形".

注意到 1999 = 6 · 333 + 1,我们来证明,对任何正整数 n,题目中的断言对 $(6n+1)×(6n+1)$ 的方格表都可成立.

当 $n=1$ 时,由 7×7 的方格表中所剪去的一个格子,由对称性来看,只可能落在如图 22 的 a,b,c 所示的划有阴影线的 2×2 方格之中.而对这三种情况,我们都有办法将剩下的图形划分成若干个 L 状的三连格(图 22a)中给出了相应情况下的具体划分法,对于情况 b 和 c,也可作相应的划分.故知当 $n=1$ 时断言成立.

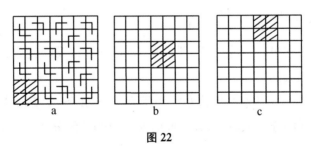

图 22

假设断言已对 $n=k$ 成立,要证断言对 $n=k+1$ 也成立.此时我们有

$$(6k+7)(6k+7) = (6k+1)(6k+1) + 2 · 6 · (6k+1) + 36.$$

我们可以先用一个 $(6k+1)×(6k+1)$ 的方格表盖住 $(6k+7)$

×$(6k+7)$正方形的一个角,并将所剪去的方格也盖住.对于这个被盖住的部分,可由归纳假设知其能划分成若干个 L 状的三连格.对于剩下的部分,可将其划分成若干个 $2×3$ 的方格表,因此也可以划分成 L 状三连格.所以当 $n=k+1$ 时,断言也成立.

这样,我们便证得了对一切正整数 n,断言都成立.特别地,对 $n=333$,断言也成立.

【例4】 设

$$\cfrac{1}{1+\cfrac{1}{1+\cfrac{1}{1+\cfrac{1}{1+\cfrac{\cdot}{\cdot\,\cdot\,\cfrac{1}{1}}}}}}=\frac{m}{n},$$

其中,等式的左端共有 1990 条分数线,等式的右端 $\dfrac{m}{n}$ 为既约分数.证明 $\left(\dfrac{1}{2}+\dfrac{m}{n}\right)^2=\dfrac{5}{4}-\dfrac{1}{n^2}$.

在这里,若要直接处理带有 1990 条分数线的连分数,当然是困难的.

我们可以先逐步从左端为带有 1 条,2 条,3 条,4 条,⋯ 分数线的连分数看起,并将此时所化得的既约分数记作 $a_l=\dfrac{m_l}{n_l}$,则不难发现有如下规律:

当 l 为奇数时,有 $\left(\dfrac{1}{2}+a_l\right)^2=\dfrac{5}{4}+\dfrac{1}{n_l^2}$;

当 l 为偶数时,有 $\left(\dfrac{1}{2}+a_l\right)^2=\dfrac{5}{4}-\dfrac{1}{n_l^2}$.

并注意到,有 $a_{l+1} = \dfrac{n_l}{m_l + n_l}$.

然后,再用数学归纳法证明这个规律即可.

【例 5】 试问,是否存在正整数 m,它的各位数字之和为 1990,而 m^2 的各位数字之和为 1990^2?

直接寻找这个正整数 m 是困难的.为方便计,可将正整数 l 的各位数字之和记作 $S(l)$.

于是不难发现,有

$$S(1) = 1, S(1^2) = 1^2 = 1,$$
$$S(1001) = 2, S(1001^2) = 4 = 2^2,$$
$$\cdots\cdots,$$

循此下去,即可证明,只要令

$$m_1 = 1; \quad m_{k+1} = 10^{(k+2)} m_k + 1, \quad k \geqslant 1,$$

就可有

$$S(m_k) = k, \quad S(m_k^2) = k^2.$$

在用数学归纳法证得如上的一般结论之后,特别地,令 $k = 1990$,就得本题所需之结论.

更多的问题,留给读者自己去练习.

13　归纳式推理

在许多存在性问题和可能性问题中,归纳式推理可以帮助我们尽快找到答案.归纳式推理的内涵丰富多彩,其中还包括归纳式定义,归纳式构造等各种形式.

【例1】 能否将正整数 $1,2,\cdots,n$ 写成一行($n\geqslant3$),使得任何两个数的算术平均值都不等于写在它们之间的任何一个数?

开头的探究都能给出肯定的答案,但其中的规律不很明显:

$$n=3:\quad 1,3,2$$
$$n=4:\quad 1,3,2,4$$
$$n=5:\quad 1,5,3,2,4$$
$$n=6:\quad 1,5,3,2,6,4$$
$$n=7:\quad 1,5,3,7,2,6,4$$
$$n=8:\quad 1,5,3,7,2,6,4,8$$

粗浅的观察容易找到如下的结论:对于 $n=3$ 和 4,分别按递增顺序排列奇数和偶数,偶数接在奇数之后;对于 $n=5$ 到 8,将各数按照被 4 除的余数分组,各组内部按递增顺序排列,各组之间按照余数 $1,3,2,4$ 的顺序接排.循此继往,有理由相信,对于 $n=9$ 到 16,应当将各数按照被 8 除的余数分组,各组内部按递增顺序排列,但是各组之间的接排顺序却颇费蹰蹰:究竟是 1,3,5,7,2,4,6,8,还是 1,5,3,7,2,6,4,8? 显然需要斟酌.如此展望前景,显得不很乐观:如何才能对任一正整数 n 给出结论呢?

归纳式推理的核心是找出较大的 n 与较小的 n 之间的简洁明了的逻辑联系,揭示其间最易表述的数量规律.

不能忽视刚才观察中的将 n 按照 2 的方幂数切开分段的做法,应当深入挖掘其中所蕴含的信息.

撇开其他的 n,仅看 $n=2^k$ 的情形.

$k=2$: 1,3,2,4,

$k=3$: 1,5,3,7,2,6,4,8,

$k=4$: 1,9,5,13,3,11,7,15,2,10,6,14,4,12,8,16.

有规律吗? 有! 如果你是有心人,就会耐下心来认真地寻找,并发现如下的奥妙:$k=2$ 时的排列是 1,3,2,4,而 $k=3$ 时的后 4 个数是 2,6,4,8,刚好是 1,3,2,4 的加倍,接下来你就会发现,$k=3$ 时的前 4 个数 1,5,3,7 就分别是后 4 个数减 1.这一规律还可通过观察 $k=4$ 时的排列来进一步验证:$k=3$ 时的排列是 1,5,3,7,2,6,4,8,而 $k=4$ 时的后 8 个数是 2,10,6,14,4,12,8,16,刚好是 1,5,3,7,2,6,4,8 的加倍,且前 8 个数 1,9,5,13,3,11,7,15 就分别是后 8 个数减 1.

如此一来,我们就可以简洁明了地写出本题的完整解答了:

先看 $n=2^k$ 的情形.

当 $k=2$ 时,可写成 1,3,2,4,即前面两数为奇数,后面两数为偶数,易知题中条件满足.事实上,任何两个之间夹有别的数的数都是一奇一偶,均值不是整数,从而不等于夹在它们之间的任何一个数.

假设当 $k=m$ 时,可将整数 1 至 2^m 写成 $a_1,a_2,\cdots,a_{2^m}$ 满足题中条件,那么当 $k=m+1$ 时,只要写成

$$2a_1-1,2a_2-1,\cdots,2a_{2^m}-1,2a_1,2a_2,\cdots,2a_{2^m}$$

即可满足题中条件.事实上,它们是整数 1 至 2^{m+1} 的一个排列.而对于其中的任何两个数 x 和 y,均可证明夹在它们之间的任何一个数都不等于 $\dfrac{x+y}{2}$,事实上,如果对某个 i 和 j,有 $x=2a_i-1,y=2a_j$,则 $\dfrac{x+y}{2}$ 不是整数;如有 $x=2a_i,y=2a_j$,则 $\dfrac{x+y}{2}=a_i+a_j$,由于在 $k=m$ 时,$\dfrac{a_i+a_j}{2}$ 不在 a_i 与 a_j 之间,所以现在,a_i+a_j 也不在 $2a_i$ 与 $2a_j$ 之间.同理可证,当 $x=2a_i-1,y=2a_j-1$ 时,$\dfrac{x+y}{2}$ 不在 x 与 y 之间.

这样一来,由归纳法原理即知,对一切 $n=2^k$ 都可将整数 1 至 2^k 排列成满足题中条件的形式.

2 的方幂数解决了,其他的正整数也就好办了.

当 $n\geqslant 3$ 不是 2 的方幂数时,存在正整数 $k\geqslant 2$,使得 $2^{k-1}<n<2^k$,先按上法将 $1,2,\cdots,2^k$ 排序,再删掉其中大于 n 的数即可.

【例 2】 是否存在这样的由正整数构成的数列,其中每个正整数都刚好出现一次,并且对任何 $k=1,2,3,\cdots$,数列中

的前 k 项之和都可被 k 整除?

起初的探究可能会给我们带来惊喜:将任给的正整数 a 作为 a_1,我们都能一项接一项地写下去,使得所写出的一段正整数满足题中的整除性要求,并使写出的数中无重复项. 但何以能保证每个正整数都在数列中出现并且只出现一次,并且一直能满足整除性条件呢?

要完成这一使命,除了归纳式定义,少有他法!

对于任意给出的整数 a_1,可以任取一个与之奇偶性相同的正整数作为 a_2.假设已经列出 $a_1,a_2,\cdots,a_n$ 满足题中要求,即:

(1) 其中各数互不相等;

(2) 对于每个 $k=1,2,\cdots,n$,都有 $k\,|\,S_k$,其中

$$S_k = a_1 + a_2 + \cdots + a_k.$$

为了给出归纳式的定义,我们令

$$M_n = \max\{a_1, a_2, \cdots, a_n\},$$
$$m_n = \min\{i : i \notin \{a_1, a_2, \cdots, a_n\}\},$$

其中 M_n 是已在 $a_1,a_2,\cdots,a_n$ 出现的最大正整数,而 m_n 是未在其中出现的最小正整数.

现在,我们令

$$a_{n+1} = m_n\big[(n+2)^{t_n} - 1\big] - S_n,$$

$$a_{n+2} = m_n,$$

其中 t_n 是一个足够大的正整数,使得 $a_{n+1} > M_n$.

于是,数列中的项就能不断地增添下去. 其中 $a_{n+1} > M_n$ 保证数列中的项不会重复出现,而 $a_{n+2} = m_n$ 保证所有正整

数都有机会在数列中出现,并且

$$S_{n+1} = a_{n+1} + S_n = m_n \left[(n+2)^{t_n} - 1 \right] \text{ 是 } n+1 \text{ 的倍数;}$$

$$S_{n+2} = a_{n+2} + S_{n+1} = m_n (n+2)^{t_n} \text{ 是 } n+2 \text{ 的倍数.}$$

【例 3】　由正整数构成的数列称为**有趣**的,如果除了第 1 项外的其余各项都或者等于它的前后两个邻项的算术平均值,或者等于它们的几何平均值.某甲从某个具有 3 项的递增的等比数列开始,依次添加数列中的项,他希望得到一个无穷的有趣数列,并且从任一项往后都不是清一色的算术平均值,也不是清一色的几何平均值.他是否能实现自己的愿望?

事实上,他一定能实现自己的愿望,意即数列一定可以无限地延长下去.

由于数列的前 3 项 a_1, a_2, a_3 形成递增的等比数列,所以它们具有形式 a, aq, aq^2,其中 $q > 1$.接下来,我们按照这样的方式添加数列中的项:使第 3 项为它的前后两个邻项的算术平均值,第 4 项为它的前后两个邻项的几何平均值,第 5 项为它的前后两个邻项的算术平均值,如此交替下去.容易看出,序列是递增的.

我们来证明,所得到的数列中的各项都是正整数.由于第 3 项是它的前后两个邻项的算术平均值,所以

$$a_4 = 2a_3 - a_2 = 2aq^2 - aq = aq(2q - 2).$$

易知该数为正整数,因为原来 3 项所成的数列是递增的,并且都是正整数.继而,第 4 项是它的前后两个邻项的几何平均值,所以

$$a_5 = \frac{a_4^2}{a_3} = \frac{a^2 q^2 (2q-1)^2}{aq^2} = 4aq^2 - 4aq + a = 4a_3 - 4a_2 + a_1.$$

既然 a_1, a_2, a_3 都是正整数,而且递增,所以 a_5 也是正整数.

我们注意到 a_3, a_4, a_5 仍然是递增的等比数列,所以按同一法则往后定义的 a_6, a_7 也是正整数,并且 a_5, a_6, a_7 仍然是递增的等比数列.如此下去,即得以正整数为项的无穷数列,它的脚标为偶数的项是其前后两个邻项的几何平均值,除首项外的脚标为奇数的项是其前后两个邻项的算术平均值.

最后只需指出,任何两个互不相同的数的算术平均值都不等于它们的几何平均值,所以我们的数列从任一项往后都不是清一色的算术平均值,也不是清一色的几何平均值.

上面的证明思路是一种隐含的归纳式推理方式:由开始的 3 项为递增的等比数列 a_1, a_2, a_3,可以延伸出 a_4 和 a_5,使得 a_2, a_3, a_4 是递增的等差数列,a_3, a_4, a_5 是递增的等比数列.既然后者仍然是递增的等比数列,那么按同一法则往后定义的 a_6, a_7 也是正整数,且使得 a_4, a_5, a_6 是递增的等差数列,a_5, a_6, a_7 是递增的等比数列.如此往复,以至无穷.

当然,我们可以把上面的定义过程写得更加明确一点,给出数列的一种直接定义方式:

先来分析构成递增的等比数列的 3 个正整数.它们的公比可由前两项的比值得到,因而是一个大于 1 的有理数.设其既约形式为 $\frac{n+k}{n}$.这样一来,第 1,2 两项均可被 n 整除,因而第 1 项可被 n^2 整除,设其为 an^2.于是这 3 个正整数为 $an^2, an(n+k)$ 和 $a(n+k)^2$.可按如下方式延伸这个数列:

$an^2, an(n+k), a(n+k)^2, a(n+k)(n+2k), a(n+2k)^2, a(n+2k)(n+3k), a(n+3k)^2, \cdots$,意即

$$a_{2i} = a(n+(i-1)k)(n+ik), \quad a_{2i+1} = a(n+ik)^2.$$

容易看出,数列中脚标为偶数的项都是其前后两项的几何平均值,而脚标为奇数的项都是其前后两项的算术平均值.

【例 4】 是否存在用英文字母拼写的这样的长度有限的单词:其中不包含两个相邻的相同的**子词**,但是只要在单词的任意一端添上任何一个英文字母后,就会出现相邻的相同**子词**?

注明 这里的单词并不是真正意义上的英文单词,而是由英文字母构成的任一有限序列.英文中有 26 个字母.只需把它们理解为 26 个不同符号即可.例如:ABVSGAB 是单词,而 ABV,S,GAB 都是它的子词.

观察如下的字母序列:

A,ABA,ABACABA,ABACABADABACABA,…

其中后一项的构成法则是:先写前一项,接着写第一个未出现过的字母,再重复一遍前一项.

用 L_n 表示英文字母表中的第 n 个字母.把序列中的每一项都看成一个单词,我们来用归纳法证明如下命题:在第 n 个单词 w_n 中没有任何相邻的相同子词,但只要在它后面添上字母表中前 n 个字母中的任意一个,就必定出现两个相邻的相同子词.

$n=1$ 时结论显然成立.假设对某个 $k \geqslant 2$,结论已经对所有 $n < k$ 都成立,我们来看 $n = k$ 的情形.

在该单词中,字母表中的第 k 个字母 L_k 位于正中间,它的前后各是一个与第 $k-1$ 个单词相同的子词 w_{k-1},即 $w_k = w_{k-1}L_kw_{k-1}$.如果能够在它里面找到两个相邻的相同子词,那么根据归纳假设,它们不可能两个都是 w_{k-1} 的子词,这就意味着,它们中含有第 k 个字母 L_k.但是在第 k 个单词中只有 1 个字母 L_k,此为矛盾,所以在它里面没有任何相邻的相同子词.但若在它的右端写上第 k 个字母 L_k,那么它里面就有两个相邻的单词(即 $w_{k-1}L_k$).而如果对某个 $m<k$,写上第 m 个字母 L_m,那么就只要对居中的字母 L_k 后面的单词 w_{k-1} 运用归纳假设,即知其中存在两个相邻的相同子词.

14 数学归纳法原理,隐形归纳

对于数学归纳法,我们已经讲了那么多的应用技巧和注意事项,却一直没有触及它的原理.现在该是讲述这个原理的时候了.

一般人在学习数学归纳法的时候都会问:"为什么在按照归纳法所规定的两个基本步骤做了以后,就能够保证一列命题对所有的 n 都成立了呢?"

我们说,它的理论依据就是如下的**最小数原理**:

任何以正整数为元素的非空集合中都存在着最小的元素.

这一原理很容易证明:

设 S 是任一以正整数为元素的非空集合.如果 S 是有限集合,那么 S 中当然存在最小的元素.如果 S 是无限集合,我们任取 S 中一个元素 m,并把 S 中所有不大于 m 的元素所构成的子集记作 S_1.则 S_1 是以正整数为元素的非空有界集合,当然其中只有有限个正整数,所以其中存在最小元素 m_0.由于 $m_0 \leqslant m$,而 S/S_1 中的元素都大于 m,所以 m_0 是 S 中的最小元素.

现在我们就可以来证明**数学归纳法原理**了.该原理就是:

设有一列与正整数 n 有关的命题 $\{P_n\}$. 如果我们已经验证命题 P_{n_0} 成立，并且已经证得：若对于 $k-1 \geqslant n_0$，有命题 P_{k-1} 成立，则有命题 P_k 成立，那么这一列命题就对所有的 $n \geqslant n_0$ 都成立.

下面就来用反证法证明这个原理.

假设数学归纳法原理不成立，即已经验证命题 P_{n_0} 成立，并且已经证明：对于 $k-1 \geqslant n_0$，只要命题 P_{k-1} 成立，就有命题 P_k 成立，但仍然不能保证对所有的正整数 $n \geqslant n_0$，命题 P_n 都成立，那么

$$S = \{n \text{ 是正整数} \mid n \geqslant n_0, \text{命题 } P_n \text{ 不成立}\} \neq \varnothing,$$

且 $n_0 \notin A$. 既然 S 是以正整数为元素的非空集合，其中必有最小元素，我们将该最小元素记作 k，即

$$k = \min\{n \mid n \in A\}.$$

由于 $n_0 \notin A$，所以 $k \geqslant n_0 + 1$，故 $k-1 \geqslant n_0$. 又由于 $k-1 < k$，故 $k-1 \notin A$，所以命题 P_{k-1} 成立. 而我们已经证明了，只要命题 P_{k-1} 成立，就有命题 P_k 成立，于是 $k \notin A$，此与 k 是集合 A 中的最小元素的事实相矛盾.

这一矛盾表明**数学归纳法原理**成立！

有时，人们也直接利用**最小数原理**来解题. 此时的解法虽然不按照归纳法的步骤写出，但其基本思想仍与归纳法相同，故称为**隐形归纳**.

隐形归纳的一种表现形式是所谓倾斜式归纳和反向归纳：如果第 $n > 1$ 号命题的成立可以化归一个或数个编号较小的命题的正确性，并且第一个命题成立，则整个系列中的

命题都成立.

倾斜式归纳通常以反证法的形式出现,即考察使得命题不成立的最小编号 n,并证明可以找到一个更小的编号 $m < n$,使得编号为 m 的命题不成立,由此得出矛盾.下面看两个采用倾斜式归纳来解题的例子.

【例 1】　给定 4 个彼此全等的直角三角形.每一步都从已有的三角形中任意挑出一个,沿着由直角顶点出发的高将其分为两个三角形.证明,无论经过多少步,都可从所有的三角形中找到两个彼此全等的三角形.

假定可在经过若干步以后,得到一些全都互不全等的三角形,那么导致这种现象出现的步数 n 的集合 S 就非空.既然 S 是以这些正整数为元素又非空,所以其中一定存在最小元素 m_0.

易知,操作的顺序对于最终的结果是无关紧要的,确切地说,最终结果根本与操作顺序无关.

既然开始时有 4 个彼此全等的直角三角形,所以仅当对其中某 3 个三角形做了剖分后,才会不存在两个原来的三角形(见图 23),这就表明 $m_0 > 3$.我们先对这 3 个三角形作剖分,即分别沿着这三个三角形由直角顶点出发的高将它们分为两个三角形,其结果是出现两组彼此全等的直角三角形,每组 3 个.为了使得三角形全都互不全等,需要再对每组中的两个三角形做剖分,于是可知 $m_0 > 7$.显然,这 7 步剖分是必不可少的.然而,在剖分过程中的每一步上,都存在两个彼此全等的三角形,于是又出现了 4 个彼此全等的直角三角形(图 23 中所示的阴影三角形).这就说明,在做了这 7 次剖分之后,我们将再次面对 4 个彼此全等的直角三角形.

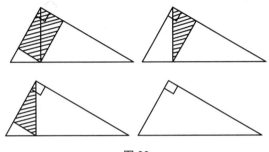

图 23

注意到,我们一共只要经过 m_0 次剖分就可以使得所有的三角形互不全等.而已经做过的 7 次剖分是必不可少的,所以它们包含在这 m_0 次剖分之中.既然操作的顺序无关紧要,所以我们可以先做这 7 次剖分.这就是说,我们只要再经过 $m_0 - 7$ 次剖分就可以使得所有的三角形互不全等.

然而,图 23 表明,我们在经过 7 次剖分之后,再次面对 4 个彼此全等的三角形.这就意味着为了消灭这种现象,我们只需经过 $m_0 - 7$ 次剖分,此与 m_0 的最小性相矛盾.这就告诉我们:永远不可能使得所有三角形全都彼此互不全等.

【例 2】 在 $m \times n$ 国际象棋盘的一个角上的方格中有一枚棋子车.甲乙二人轮流移动这枚棋子车.每人每次可将棋子沿水平方向或沿竖直方向移动任意多格,但不允许进入(或飞越)已经到过(或已经飞越过的)的方格.谁先不能进行下一步,就算谁输.甲先开始.谁能有策略保证自己取胜?他应当如何行事?

$m = n = 1$ 的情形十分明显,因为甲无处可走,故乙赢.

我们来证明,在其余情况下,甲有取胜策略.为确定起见,设 $m \geqslant n$,且开始时,棋子车放在左上角的方格里.

从直观上看来,甲只需每一步都将棋子作最大可能距离的移动即可.下面用反证法证明这一策略的正确性.

假设存在这样的 m 和 $n(m \geqslant n)$,使得甲不能在这样的策略下取胜,我们来观察其中 mn 达到最小值的情形,即使得甲不能取胜的临界值.

对于 $m \times 1$ 的棋盘,甲显然可凭借其策略取胜,所以下面假设 $m \geqslant n \geqslant 2$.

不妨设开始时棋子在左上角的方格中.甲第一步将棋子沿水平方向往右走到底,乙只能沿竖直方向移动棋子.以下分3种情况讨论:

(a) 乙仅移动一步.此时甲再沿水平方向把棋子往左移到底,于是就如同在 $m \times (n-1)$ 的棋盘上甲先走第一步(见图24a).由于 $m \geqslant 2$,所以所化归的不是 1×1 的情形.

(b) 乙往下移到底.此时甲再沿水平方向把棋子往左移到底.如果 $m = n = 2$,则甲已经取胜.在其余情况下,就如同在 $(m-1) \times (n-1)$ 的棋盘上甲先走第一步(见图24b).

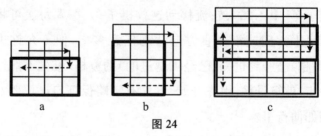

a   b   c

图24

（c）乙往下移了 k 格,$k \neq 1, k \neq n - 1$,则此时 $m \geqslant 3$.甲先沿水平方向把棋子往左移到底.如果接下来乙往上移动棋子,则往后的游戏就如同在 $(m-1) \times k$ 的棋盘上进行.由于 $m - 1 \geqslant 2$,所以从未曾落到 1×1 的情形(见图 24c).

如果接下来乙往下移动棋子,则往后的游戏就如同在 $(m-1) \times (n-k)$ 的棋盘上进行.

在上述任何一种情形下,游戏都将在不同于 1×1 的较小棋盘上进行.而根据我们的假设,在这些较小棋盘上所说的策略是有效的.从而从一开始,它就是有效的.由此得到矛盾.

上述解法中的基本依据就是最小数原理.

下面一题的解法也不是直接运用归纳法,然而它首先认认真真地解决了 $k = 1$ 的情形,然后把 $k > 1$ 的情形化归 $k = 1$ 的情形来做的思想,也是一种归纳性的思维,故也属于隐形归纳.

【**例3**】 n 个人参加乒乓球双打训练(两人对两人).试问,为了使每个参加者都能刚好与其余每个人作为对手打一场球,n 应当是怎样的正整数?

答案 $n = 8k + 1$,其中 k 为正整数.

当题中所言的训练能够进行时,每个参加者的所有对手都应当分为一对一对的,因此 n 是奇数.每一场球都出现 4 个"对手对",因此,一切可能的"对手对"的数目 $\dfrac{n(n-1)}{2}$ 是 4 的倍数.综合两方面,得 $n - 1 = 8k$.

　　我们来证明,对任何 $k = 1, 2, \cdots$,在 $n = 8k + 1$ 时,都能进行所言的比赛.

　　对 $k = 1$,将 9 名参加者对应为正九边形 $A_1 A_2 \cdots A_9$ 的各个顶点.图 25 中所表现的是 (A_1, A_2) 对 (A_3, A_5) 的比赛,用连线表示对手.将这一连线结构绕多边形的中心旋转 $\dfrac{2\pi}{9}$ 的倍数,即可得到其余 8 场球的对阵双方.在该过程中,每一条形如 $A_i A_j$ 的弦都刚好出现一次,因为它们都是 $A_2 A_3$, $A_1 A_3$,$A_2 A_5$ 和 $A_1 A_5$ 这 4 种类型的连线之一.

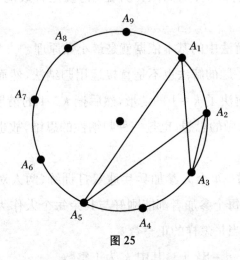

图 25

　　在 $k > 1$ 时,从 $8k + 1$ 个参加者中去掉一人某甲,将其余 $8k$ 个人分为 k 组,每组 8 人.

　　先将甲依次加入各个 8 人组,按 $k = 1$ 的情形进行 9 人组比赛.于是甲与其余每个人都作为对手打过球,而任何两个同组的人也都作为对手打过球.

　　然后再将各个 8 人组分为 4 个 2 人对，在每两个不同组的对手之间进行双打，便可使得每两个不同组的人都作为对手打过球.

15　平均不等式归纳法证明种种

大家知道,若 $a_1,\cdots,a_n$ 是 n 个正数,则

$$A_n = \frac{a_1 + \cdots + a_n}{n}$$

叫做它们的算术平均值,而

$$G_n = \sqrt[n]{a_1 \cdots a_n}$$

叫做它们的几何平均值. 在算术平均值 A_n 和几何平均值 G_n 之间,有着关系式

$$A_n \geqslant G_n,$$

其中的等号当且仅当 $a_1 = \cdots = a_n$ 时成立. 这就是著名的算术-几何平均值不等式,简称平均不等式,中学课本中把它叫做基本不等式.

由于平均不等式具有广泛的应用场合,因此是一个十分重要的不等式. 也正是由于这种应用上的重要性,所以人们一直十分重视研究这一不等式的初等证明. 其中基于数学归纳法的证明,便不下 10 余种.

这些证明方法各有千秋,其中不乏精巧的构思和对数学归纳法技巧的娴熟的应用,将这些证明方法汇集起来,不仅是一种美的享受,而且可以起到开阔思路、集思广益的作用:下面我们就来介绍其中的四五种证法.

其中最为著名的证法便是先对 $n=2^m$（m 是正整数）证明不等式成立,然后再回过来证明对其余的 n,不等式也成立,这就是如下的证法一.

证法一　先证对一切 $n=2^m$（m 是正整数）,平均不等式都成立.为此,我们来对 m 使用归纳法.

当 $m=1$ 时,我们有

$$A_2 = \frac{1}{2}(a_1 + a_2) = \frac{1}{2}(a_1 + a_2 - 2\sqrt{a_1 a_2}) + \sqrt{a_1 a_2}$$

$$= \frac{1}{2}(\sqrt{a_1} - \sqrt{a_2})^2 + \sqrt{a_1 a_2} \geqslant \sqrt{a_1 a_2} = G_2,$$

知不等式成立.假设当 $m=k$ 时,不等式成立,即对任意 2^k 个正数,都有 $A_{2^k} \geqslant G_{2^k}$.于是当 $m=k+1$ 时,就有

$$A_{2^{k+1}} = \frac{a_1 + \cdots + a_{2^k} + a_{2^k+1} + \cdots + a_{2^{k+1}}}{2^{k+1}}$$

$$= \frac{1}{2}\left(\frac{a_1 + \cdots + a_{2^k}}{2^k} + \frac{a_{2^k+1} + \cdots + a_{2^{k+1}}}{2^k}\right)$$

$$\geqslant \frac{1}{2}\left(\sqrt[2k]{a_1 \cdots a_{2^k}} + \sqrt[2k]{a_{2^k+1} \cdots a_{2^{k+1}}}\right)$$

$$\geqslant \sqrt{\sqrt[2k]{a_1 \cdots a_{2^k}} \cdot \sqrt[2k]{a_{2^k+1} \cdots a_{2^{k+1}}}}$$

$$= \sqrt[2^{k+1}]{a_1 \cdots a_{2^k} a_{2^k+1} \cdots a_{2^{k+1}}} = G_{2^{k+1}}.$$

在上述推理中,前一个不等号得之于归纳假设,后一个不等式号得之于 $A_2 \geqslant G_2$.可见当 $m=k+1$ 时不等式也成立.所以对一切 $n=2^m$（m 是正整数）不等式都成立.

现在我们再来证明,如果不等式对任何 k 个正数成立,那么对任何 $k-1$ 个正数 $a_1, \cdots, a_{k-1}$ 也成立.为了利用 $n=k$

时的不等式,我们令 $a_k = \dfrac{1}{k-1}(a_1 + \cdots + a_{k-1})$,于是就有

$$\frac{a_1 + \cdots + a_{k-1}}{k-1} = \frac{a_1 + \cdots + a_{k-1} + a_k}{k}$$

$$\geqslant \sqrt[k]{a_1 \cdots a_{k-1} a_k} = \sqrt[k]{a_1 \cdots a_{k-1} \cdot \frac{a_1 + \cdots + a_{k-1}}{k-1}}.$$

在不等式两端同时乘方 k 次,即得

$$(A_{k-1})^k \geqslant (G_{k-1})^{k-1} \cdot A_{k-1},$$

也就是 $A_{k-1} \geqslant G_{k-1}$,故知断言成立.

这样,只要综合上述两个方面,我们便可断言:对任意 n 个正数,平均不等式都成立.

又从证明过程可以看出,等号当且仅当 n 个正数全都相等时成立.

下面我们再来介绍其他几种证法.在这些证明方法中,都或多或少用到了一些辅助的等式或不等式来帮助实现归纳过渡.

为了突出主题,下面不再讨论等号成立的条件.又因为显然有 $A_1 = G_1$,而刚才我们又证明了 $A_2 \geqslant G_2$,因此已知 $n = 1, 2$ 时命题成立.所以下面仅考虑如何由 $n = k$ 向 $n = k+1$ 过渡的问题.

证法二 假定对任意 k 个正数有 $A_k \geqslant G_k$.注意到对任意 $k+1$ 个正数,下面的两个等式显然都是成立的:

$$(k+1)A_{k+1} = kA_k + a_{k+1}, \tag{1}$$

$$(G_{k+1})^{k+1} = (G_k)^k \cdot a_{k+1}. \tag{2}$$

因此就有

$$A_{k+1} = \frac{1}{2}\left(\frac{k+1}{k}A_{k+1} + \frac{k-1}{k}A_{k+1}\right)$$

$$= \frac{1}{2}\left(A_k + \frac{(k-1)A_{k+1} + a_{k+1}}{k}\right) \tag{3}$$

$$\geqslant \sqrt{A_k \cdot \frac{(k-1)A_{k+1} + a_{k+1}}{k}} \tag{4}$$

$$\geqslant \sqrt{A_k \cdot \sqrt[k]{(A_{k+1})^{k-1} \cdot a_{k+1}}} \tag{5}$$

$$= \sqrt[2k]{(A_k)^k \cdot (A_{k+1})^{k-1} \cdot a_{k+1}}$$

$$\geqslant \sqrt[2k]{(G_k)^k a_{k+1} \cdot (A_{k+1})^{k-1}} \tag{6}$$

$$= \sqrt[2k]{(G_{k+1})^{k+1} \cdot (A_{k+1})^{k-1}}. \tag{7}$$

两端乘方后即得

$$A_{k+1} \geqslant G_{k+1}.$$

在上述推理中,(4)式得自 $A_2 \geqslant G_2$,(5)式和(6)式则都得自 $n = k$ 时的平均不等式.至于(3)式与(7)式,则分别得自于(1)式和(2)式.由此观之,如果没有(1)式和(2)式,当然也就不会有(3)式和(7)式,虽然它们都不过只是一些恒等变形,但如果没有它们,也就没有了过河时的桥和船,要想顺利实现过渡,也就会是不可能的了.

由于在上述推理中,我们不仅用到了 $n = k$ 时的平均不等式(即归纳假设),还用到了 $n = 2$ 时的平均不等式,所以在起步时,我们不仅应验证 $A_1 \geqslant G_1$,还应验证 $A_2 \geqslant G_2$.这就叫做起点的增多.关于这种起点上的变化技巧,我们已在前面章节中作过介绍了.

证法三　若 $a > 0, b \geqslant 0$,由二项式定理知

$$(a + b)^k \geqslant a^k + ka^{k-1}b. \tag{8}$$

假定对任意 k 个正数有 $A_k \geqslant G_k$,则由(8)式和(1)、(2)式可得

$$(A_{k+1})^{k+1} = \left(A_k + \frac{a_{k+1} - A_k}{k+1}\right)^{k+1}$$

$$\geqslant (A_k)^{k+1} + (A_k)^k \cdot (a_{k+1} - A_k) \tag{9}$$

$$= a_{k+1} \cdot (A_k)^k$$

$$\geqslant a_{k+1} \cdot (G_k)^k = (G_{k+1})^{k+1}. \tag{10}$$

两端开方后,即得

$$A_{k+1} \geqslant G_{k+1}.$$

在上述推理中,(9)式是根据(8)式得出的,(10)式则是得自归纳假设,即 $A_k \geqslant G_k$. 证法3同证法2的不同之处在于用(8)式取代了 $A_2 \geqslant G_2$ 的作用,因而该法在起步时只需验证 $A_1 \geqslant G_1$. 但总的来说,这两种证法都是借助于一些显然的等式和不等式才得以顺利实现归纳过渡的. 这些等式和不等式虽然都不复杂,但其可贵之处,在于能从熟视无睹之中把它们寻找出来,并加以应用.

这种借助其他不等式作为辅助工具,来证明平均不等式的方法,还可以再举出一些来. 它们与刚才的证法3的不同之处,在于它们在使用这些辅助不等式时,是通过巧妙地构造出一些辅助变量来实现的. 下面就来介绍一种这样的证法.

证法四 我们的证明依赖于如下引理:

引理:对 $\alpha > 0$ 及正整数 $n > 1$,有

$$\alpha(n - \alpha^{n-1}) \geqslant n - 1,$$

等号当且仅当 $\alpha \geqslant 1$ 时成立.

事实上,当 $\alpha \geqslant 1$ 时,有 $1 + \alpha + \cdots + \alpha^{n-1} \geqslant n$;当 $0 < \alpha < 1$ 时,有 $1 + \alpha + \cdots + \alpha^{n-1} < n$. 因此我们恒有

$$(\alpha - 1)[n - (1 + \alpha + \cdots + \alpha^{n-1})] \leqslant 0.$$

由于 $1 + \alpha + \cdots + \alpha^{n-1} = \dfrac{\alpha^n - 1}{\alpha - 1}$(若 $\alpha \neq 1$),代入后化简即得所证之不等式. 显见仅当 $\alpha = 1$ 时等号成立.

下面来证明平均不等式本身.

假设对任意 k 个正数已有 $A_k \geqslant G_k$,我们要来证明 $A_{k+1} \geqslant G_{k+1}$. 为此我们设

$$\alpha = (a_{k+1} A_{k+1}^{-1})^{\frac{1}{k}}.$$

将其代入引理中的不等式,并在该不等式中命 $n = k + 1$,即得

$$(A_{k+1})^{k+1} \geqslant a_{k+1} \cdot \left(\dfrac{(k+1)A_{k+1} - a_{k+1}}{k}\right)^k.$$

由于 $\dfrac{(k+1)A_{k+1} - a_{k+1}}{k} = A_k$,故得 $(A_{k+1})^{k+1} \geqslant a_{k+1}$ $(A_k)^k$. 对此式右端使用归纳假设,并注意 $a_{k+1}(G_k)^k = (G_{k+1})^{k+1}$,就可以得到 $(A_{k+1})^{k+1} \geqslant (G_{k+1})^{k+1}$,也就是

$$A_{k+1} \geqslant G_{k+1}.$$

这个证法的精髓,全在于对于引理所给出的不等式的巧妙的应用. 在这里,构造辅助变量起了关键的作用.

在以上几种证法中,都未对 n 个正数之间的大小关系作任何假定,它们虽然都很漂亮,但却都无法充分利用这些正

数之间的大小关系.如果我们能在不影响一般性的前提下,对 n 个数中谁是最大的、最小的,甚至对它们之间的排列顺序作出一定的假定,那么就可以在一定程度上起到减少不确定性的作用,而为利用这 n 个数自身之间的大小关系提供了可能性.这种引入不妨碍一般性的假定的做法,也是数学中所经常采用的.下面我们就来看一个这样的证法.

证法五　假定对任何 k 个正数,都已有 $A_k \geqslant G_k$,要证对 $k+1$ 个正数 $a_1, \cdots, a_k, a_{k+1}$,也有 $A_{k+1} \geqslant G_{k+1}$.不失一般性,我们设 $a_{k+1} \geqslant a_i, 1 \leqslant i \leqslant k$,于是就有 $a_{k+1} \geqslant A_k$,如果记 $a_{k+1} = (1+\lambda)A_k$,就有 $\lambda \geqslant 0$,这样一来就有

$$A_{k+1} = \frac{kA_k + a_{k+1}}{k+1} = \left(1 + \frac{\lambda}{k+1}\right)A_k.$$

从而结合证法 3 中的辅助不等式(8),便知

$$\begin{aligned}
(A_{k+1})^{k+1} &= \left(1 + \frac{\lambda}{k+1}\right)^{k+1} \cdot (A_k)^{k+1} \\
&\geqslant \left(1 + (k+1) \cdot \frac{\lambda}{k+1}\right) \cdot (A_k)^{k+1} \\
&\geqslant (1+\lambda)A_k \cdot (G_k)^k \\
&= a_{k+1} \cdot a_1 a_2 \cdots a_k = (G_{k+1})^{k+1}.
\end{aligned}$$

所以有 $A_{k+1} \geqslant G_{k+1}$,从而知对任意 n 个正数,平均不等式都成立.

在这里的证明中所作出的不失一般性假设,为 a_{k+1} 提供了一种通过 A_k 来表达的方式,因而为后继的推理运算铺平了道路,这种处理方式确实是很值得仿效的.

16　篇 末 寄 语

到这里,我们的小册子就要结束了.我们已经就数学归纳法应用中的一些主要技巧作了简要介绍,并且还列举了一些例题以帮助理解和掌握它们.最后,我们还要来谈几点注意事项.

第一,在数学归纳法的使用中要注意归纳假设的成立条件.

1985 年,中国科技大学在对新生所作的入学复试中,曾经有过一道这样的题目:

【**例 1**】　(1)设 r_1 和 r_2 是从椭圆 $\dfrac{x^2}{a^2}+\dfrac{y^2}{b^2}=1$ 的中心引出的互相垂直的两个向径,证明

$$\frac{1}{r_1^2}+\frac{1}{r_2^2}=\frac{1}{a^2}+\frac{1}{b^2}.$$

(2)设 $r_1,r_2,\cdots,r_n$ 是从上述椭圆中心引出的 n 个向径,且 r_i 与 r_{i+1} 间的夹角等于 $\dfrac{\pi}{n}(i=1,2,\cdots,n-1)$,证明

$$\frac{1}{r_1^2}+\frac{1}{r_2^2}+\cdots+\frac{1}{r_n^2}=\frac{n}{2}\left(\frac{1}{a^2}+\frac{1}{b^2}\right).$$

大多数同学都未用数学归纳法证明这道题.少数同学在具体验证了(1)中结论后,对(2)采用了如下的"证明":

由(1)已知 $n=2$ 时等式成立. 假设 $n=k$ 时等式成立, 要证 $n=k+1$ 时等式也成立. 于是有

$$\frac{1}{r_1^2}+\frac{1}{r_2^2}+\cdots+\frac{1}{r_k^2}+\frac{1}{r_{k+1}^2}$$

$$=\frac{k}{2}\left(\frac{1}{a^2}+\frac{1}{b^2}\right)+\frac{1}{r_{k+1}^2}.$$

至此,他们的"证明"就再也继续不下去了. 一些聪明的同学则就此易弦更张,换用别的方法了,但也有个别同学始终未能悟出其间的道理来!

那么,证不下去的原因究竟何在呢? 原来就在于"归纳假设成立的条件"不能得到满足. 试想一下,在 $n=k$ 时,每两个相邻的向径均夹成 $\frac{\pi}{k}$ 的角,而在 $n=k+1$ 时,却夹成 $\frac{\pi}{k+1}$ 的角! 既然如此,怎么能够在 $n=k+1$ 时对 $\frac{1}{r_1^2}+\cdots+\frac{1}{r_k^2}$ 运用归纳假设呢?

上述的事实告诉我们:在使用归纳假设时,必须注意到施用的对象是否确实满足归纳假设所能成立的条件. 如果不能满足,则不能使用数学归纳法.

当然也有的时候,可以经过对归纳对象作适当变形,将它们改造得合于条件. 此时,我们就应当预先做好改造工作,再使用归纳假设. 下面来看两个例子.

【例 2】 设 $a_1,a_2,\cdots,a_n$ 为实数,它们中任意两数之和非负. 证明,对于任何满足 $x_1+x_2+\cdots x_n=1$ 的非负实数,都有

$$a_1x_1+a_2x_2+\cdots+a_nx_n\geqslant a_1x_1^2+a_2x_2^2+\cdots+a_nx_n^2.$$

当 $n=1$ 时,命题显然成立.假设当 $n=k$ 时命题成立,要证 $n=k+1$ 时命题也成立.

此时,由于 $x_1+x_2+\cdots+x_k+x_{k+1}=1$,而不是 $x_1+x_2+\cdots+x_k=1$,所以不能简单地对和式

$$a_1x_1+a_2x_2+\cdots+a_kx_k+a_{k+1}x_{k+1}$$

中的前 k 项使用归纳假设(否则会导致错误的结果)!

怎么办?我们还是应该来设法改造 $a_1,a_2,\cdots,a_k$ 和 a_{k+1}.显然,我们可设 $x_k+x_{k+1}\neq0$.(读者想一想,这是为什么?),并令 $a'_k=\dfrac{a_kx_k+a_{k+1}x_{k+1}}{x_k+x_{k+1}}$.于是对一切 $i=1,2,\cdots,k-1$,我们都有

$$a_i+a'_k=\frac{(a_k+a_i)x_k+(a_{k+1}+a_i)x_{k+1}}{x_k+x_{k+1}}\geqslant0.$$

可见 $a_1,a_2,\cdots,a_{k-1},a'_k$ 是 k 个满足题设条件的实数.又因 $x_1+\cdots+x_{k-1}+(x_k+x_{k+1})=1$.所以归纳假设的成立条件具备,因而就有

$$a_1x_1+\cdots+a_{k-1}x_{k-1}+a_kx_k+a_{k+1}x_{k+1}$$
$$=a_1x_1+\cdots+a_{k-1}x_{k-1}+a'_k(x_k+x_{k+1})$$
$$\geqslant a_1x_1^2+\cdots+a_{k-1}x_{k-1}^2+a'_k(x_k+x_{k+1})^2$$
$$=\sum_{i=1}^{k-1}a_ix_i^2+(a_kx_k+a_{k+1}x_{k+1})(x_k+x_{k+1})$$
$$=\sum_{i=1}^{k+1}a_ix_i^2+(a_k+a_{k+1})x_kx_{k+1}\geqslant\sum_{i=1}^{k+1}a_ix_i^2,$$

故知当 $n=k+1$ 时命题也成立.所以对一切正整数 n,命题都成立.

在上述证明中,要改造 $\{a_i\}$ 与 $\{x_i\}$,使它们既要成为 k 个满足为使用归纳假设所要求的条件的对象,又要使得改造后的加权和仍等于 $\displaystyle\sum_{i=1}^{k+1} a_i x_i$,是颇需要花费一番斟酌的.但是这番功夫是为了应用归纳假设而付出的代价,是不能舍不得的.

【例3】 设 $x_1, x_2, \cdots, x_n$ 为正数,证明,

$$\frac{x_1^2}{x_1^2 + x_2 x_3} + \frac{x_2^2}{x_2^2 + x_3 x_4} + \cdots + \frac{x_{n-1}^2}{x_{n-1}^2 + x_n x_1} + \frac{x_n^2}{x_n^2 + x_1 x_2} \leqslant n - 1.$$

证明　记 $x_{n+1} = x_1, x_{n+2} = x_2$,我们来令 $y_i = \dfrac{x_i^2}{x_{i+1} x_{i+2}}$,于是就有 $y_1 y_2 \cdots y_n = 1$.

而原不等式即为 $\dfrac{y_1}{1 + y_1} + \dfrac{y_2}{1 + y_2} + \cdots + \dfrac{y_n}{1 + y_n} \leqslant n - 1$,也就是

$$\frac{1}{1 + y_1} + \frac{1}{1 + y_2} + \cdots + \frac{1}{1 + y_n} \geqslant 1. \tag{1}$$

因此我们就是要在 $y_1 y_2 \cdots y_n = 1$ 的条件下证明(1)式.

在 $n = 2$ 时,由 $y_1 y_2 = 1$ 知 $y_2 = y_1^{-1}$,于是有

$$\frac{1}{1 + y_1} + \frac{1}{1 + y_2} = \frac{1}{1 + y_1} + \frac{1}{1 + y_1^{-1}} = \frac{1 + y_1}{1 + y_1} = 1$$

知(1)式成立.假设在 $y_1 y_2 \cdots y_k = 1$ 时(1)式成立,即

$$\frac{1}{1 + y_1} + \frac{1}{1 + y_2} + \cdots + \frac{1}{1 + y_k} \geqslant 1,$$

那么在 $y_1 y_2 \cdots y_k y_{k+1} = 1$ 时,我们由归纳假设知有

$$\frac{1}{1 + y_1} + \frac{1}{1 + y_2} + \cdots + \frac{1}{1 + y_k y_{k+1}} \geqslant 1. \tag{2}$$

但因 $\dfrac{1}{1+y_k}+\dfrac{1}{1+y_{k+1}}\geqslant\dfrac{1}{1+y_ky_{k+1}}$，所以知有

$$\frac{1}{1+y_1}+\frac{1}{1+y_2}+\cdots+\frac{1}{1+y_k}+\frac{1}{1+y_{k+1}}\geqslant1. \qquad (3)$$

于是知当 $n=k+1$ 时(1)式也成立. 所以问题的结论对一切正整数 $n\geqslant2$ 都成立.

在上面的证明中,我们没有直接对(3)式的前 k 项使用归纳假设,而是绕了一个弯子,先对(2)式左边使用归纳假设,就是因为考虑到了当 $n=k+1$ 时, $y_1y_2\cdots y_k\neq1$,而只有 $y_1y_2\cdots(y_ky_{k+1})=1$.这些细节上的安排都是颇具匠心的,希望读者们在阅读时留意.

第二,数学归纳法固然是一种重要的论证方法,但并不是万应灵丹,未必在任何场合下都以它为最佳方法,更何况在有些场合下它并不适用.因此,应当广开思路,多方面想办法.下面我们就来简单地举两个例子.

例 2 之证法 2　首先我们来证明 $n=2$ 的情形.为此,只需注意 $x_1+x_2=1$,从而

$$(a_1x_1+a_2x_2)-(a_1x_1^2+a_2x_2^2)$$
$$=a_1x_1(1-x_1)+a_2x_2(1-x_2)$$
$$=a_1x_1x_2+a_2x_2x_1=(a_1+a_2)x_1x_2\geqslant0,$$

故知不等式成立.然后再对一般的 n 给出证明.显然可设

$$x_2'=x_2+\cdots+x_n\neq0 \text{ 及 } a_2'=\frac{a_2x_2+\cdots+a_nx_n}{x_2+\cdots+x_n},$$ 于是就有 x_1 $+x_2'=1$ 及 $a_1+a_2'\geqslant0$,从而由已证的结果即知

$$a_1x_1+a_2x_2+\cdots+a_nx_n=a_1x_1+a_2'x_2'$$

$$\geqslant a_1 x_1^2 + a_2' x_2'^2$$

$$= a_1 x_1^2 + (a_2 x_2 + \cdots + a_n x_n)(x_2 + \cdots + x_n)$$

$$= (a_1 x_1^2 + a_2 x_2^2 + \cdots + a_n x_n^2) + \sum_{2 \leqslant i < j \leqslant n} (a_i + a_j) x_i x_j$$

$$\geqslant a_1 x_1^2 + a_2 x_2^2 + \cdots + a_n x_n^2.$$

在这种证明之中,我们虽然用了与前面证法相类似的构造辅助未知数的方法,但却避免了作归纳假设,因而证明起来更为简洁.事实上,据有人统计,例2的证明方法不下8种,其中7种都不是采用数学归纳法的.读者们不妨自己试试,多用几种方法来证明这道题目.

【例4】　平面上有 n 个红点和 n 个蓝点,其中任何三点都不共线.证明,可将它们连成 n 条互不相交的线段,使得每条线段的两个端点都是一红一蓝.

大家知道,本例既可采用数学归纳法,也可不采用数学归纳法来证明.我们先来给出一个不采用数学归纳法的证明,然后再给出一个采用数学归纳法的证明.孰优孰劣,读者可自作比较.

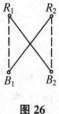

图26

先随意地将这 $2n$ 个点分别一红一蓝地连成 n 条线段,显然不同的连法只会有有限种.对每种连法都求出 n 条线段的长度之和 S.一般来说,连法不同,S 也可能不同.这些 S 中必有一个最小值 S_0.易见,使 S 达到最小值 S_0 的连法中,n 条线段必是互不相交的.事实上,如果其中有两条线段 $R_1 B_2$ 和 $R_2 B_1$ 相交,那么只要将它们换为 $R_1 B_1$ 和 $R_2 B_2$(图26),就可使得它们不相交,而且还

会有 $R_1 B_1 + R_2 B_2 < R_1 B_2 + R_2 B_1$. 这就是说, 改连后的 n 条线段的总长将小于 S_0 , 从而与 S_0 的最小性相矛盾, 所以在使得 n 条线段的总长度 S 达到最小值的连法中, 这些线段是互不相交的. 又由于最小值一定存在, 因此相应的连法也就存在, 证毕.

大家已经看到, 这是一种基于极端值原理的直接证法, 具有思路简洁、易于理解的特点.

下面我们再来给出例 4 的数学归纳法的证明.

对点数 n 归纳.

当 $n = 1$ 时, 结论显然成立: 假设当 $n \leqslant k$ 时, 结论也成立. 我们来证明, 当 $n = k + 1$ 时结论仍然成立.

考虑这 $2(k + 1)$ 个点形成的平面点集的凸包. 如果该多边形的顶点中有红色的点, 也有蓝色的点, 则必有一条边的两个端点为一红一蓝. 除去这两个端点及其连线, 再对其余 $2k$ 个点应用归纳假设, 便知此时结论也是成立的.

在剩下的情形里, 凸包的顶点全是同色的, 不妨设它们全为红色的. 我们来在凸包的左侧外面选取一条直线 L , 使它不平行于这 $2(k + 1)$ 点中的任何两点的连线 (图 27). 我们再来将此直线自左至右平行移动, 使它穿过凸

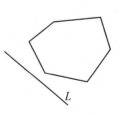

图 27

包, 移到它的右侧外面. 在移动过程中, 我们随时记录落在 L 左侧的红点数目与蓝点数目之差 S . 由于 L 不平行于 $2(k + 1)$ 个点中任何两点的连线, 所以在它穿过凸包时, 点是一个

一个地由它的右侧移到左侧的.每当移过一个红点,S 就增加 1;每当移过一个蓝点,S 就减少 1.但因凸包的顶点都是红点,所以 L 移过的第一个点和最后一个点都是红点,因此 S 所取的第一个非零数字是 $+1$,最后一个非零数字是 -1.既然 S 每次的变化幅度都是 1(不是 $+1$ 就是 -1),所以 S 必在由 $+1$ 变为 -1 之间的某一时刻成为 0.此时,落在 L 左侧和右侧的红蓝点数目分别相等,且都不超过 k 个.因此可对 L 的左右两侧分别使用归纳假设,从而获知结论对 $n=k+1$ 也成立.

综上,便知结论对一切正整数 n 都成立,证毕.

有些人可能会一时不理解这个证法中的用心良苦之处,以为只要随便先连接一红一蓝两个点得一条线段,再对其余 $2k$ 个点运用归纳假设就行了.其实这样是不行的,我们应当知道,这里面的难处在于,如何可以保证先连的一条线段同后来的 k 条线段都不相交呢?我们甚至可以说,这里所遇到的困难,正是数学归纳法所特有的困难.这也正是为什么利用数学归纳法解题并不总是都很方便的一个原因吧!

我们再来看几个不宜用归纳法来解答的问题.

【例 5】 在正凸奇数边形中用不在形内相交的对角线把它划分为一系列三角形.证明,在这些三角形中有并且只有一个锐角三角形.

拿到这个问题,当然还是应当先从最简单的情况看起.

$n=3$ 时,正三角形本身就是一个锐角三角形.$n=5$ 时,本质上只有一种划分方法,即从某一个顶点连出两条对角线,从而容易看出,在所分出的 3 个三角形中有并且只有一个锐角三角形. $n=7$ 时就有多种本质不同的分法了,并且很难建立起这些分法同 $n=5$ 时的分法之间的联系,关键在于一个"正"字.因为我们不能通过连对角线从"正"七边形中分割出一个"正"五边形来.由此看来本题不宜采用归纳法证明.

事实上,本题也无须用归纳法证明.只要注意到正多边形的一个共同特点,我们就可以给出一个非常简单的证明.

大家知道,任何正多边形都有外接圆,外接圆的圆心就是正多边形的中心 O.更重要的是,这个外接圆不仅是该正多边形的外接圆,而且也是所分出的每一个三角形的外接圆.所以中心 O 就是所有这些三角形的外心.又由于该正多边形是正奇数边形,所以它的任何一条对角线都不通过中心 O.因此,点 O 必位于并且只位于其中一个三角形的内部.众所周知,一个三角形为锐角三角形,当且仅当它的外心位于它的内部,所以在所分出的所有这些三角形中有并且只有一个锐角三角形.于是我们便完成了对问题的证明.

上面这个题目是典型的不宜用也无须用归纳法来证明的例子.

【例 6】 在平面上任意作 $2n+1$ 条直线,试证,最多有 $\frac{1}{6}n(n+1)(2n+1)$ 个锐角三角形的三条边都位于这些直线上.

为便于叙述,我们把三条边都位于这些直线上的三角形称之为"由这些直线交成的三角形".大家或许记得,华罗庚教授在讲述归纳法时,曾经把"n条直线最多可把平面分为多少个部分"作为可以用归纳法来证明的典型例题,因此容易想到本题也应该用归纳法来证明.另外,$\frac{1}{6}n(n+1)(2n+1)$这个数目又容易使我们联想到前n个正整数的平方和,从而使我们更加认为应当使用归纳法.那么究竟是否如此呢?还是让我们来从头看一看吧!

$n=1$时,结论显然成立.$n=2$时,情况就比较复杂一些了,需要我们认真考察这些直线的相互位置.经过一番探索,可以发现,当5条直线交成正五边形时,它们正好交成了5个锐角三角形.但是却难以说明"最多"只能交成 5 个锐角三角形.再继续考察下去,不仅始终存在难以说明"最多"的问题,而且也不易找到归纳的途径.如此看来,还是及早易弦更张为妙.

显然,为了使交成的锐角三角形数目达到最多,在这些直线中,应当任何两条不平行,任何 3 条不共点,并且任何两条不垂直.这时,其中任何三条直线都交成一个三角形,并且所交成的三角形只有锐角三角形和钝角三角形两种.于是我们可以设在$2n+1$条直线所交成的三角形中有x个锐角三角形和y个钝角三角形.并且立即得到下面的一个关系式

$$x + y = C_{2n+1}^3. \tag{1}$$

为了解决问题,仅有这一个关系式是不够的.需要再找出一个关系式来.为此,我们观察锐角三角形和钝角三角形

的区别.易知,对于锐角三角形来说,在它的三条边所在的每一条直线上,它的两个内角都是锐角;而对于钝角三角形来说,仅在它的一条边所在的直线上,它的两个内角都是锐角.于是为了描述这种现象,我们引入一个名称:"局部锐",称一个三角形关于一条直线为"局部锐"的,如果它在该直线上的两个内角都是锐角.

我们来考察关于每一条直线最多可有多少个"局部锐"的三角形?

任取其中一条直线 l,于是其余 $2n$ 条直线中的任何两条都与 l 交成一个非直角三角形.为了便于考察其中关于 l 为"局部锐"的三角形个数,我们在 l 上取定方向.于是其余每条直线相对于 l 的斜率就只有正的和负的两种.显然,当且仅当两条直线的斜率一正一负时,它们与 l 交成的三角形是关于 l 为"局部锐"的.设其余 $2n$ 条直线中,有 k 条相对于 l 的斜率为正的.于是,它们一共同 l 交成了 $k(2n-k)$ 个关于 l 为"局部锐"的三角形.显然有

$$k(2n-k) \leqslant \left(\frac{k+2n-k}{2}\right)^2 = n^2.$$

上述推理适用于每一条直线,因此(连同重复计算在内),最多一共可能有 $(2n+1)n^2$ 个"局部锐"的三角形.在这个计算中,每个锐角三角形都被计算了 3 次(在每条边上都被计算了一次),而每个钝角三角形则都被计算了 1 次.所以我们有

$$3x + y \leqslant (2n+1)n^2. \tag{2}$$

由(2)式减去(1)式,即得

$$x \leqslant \frac{1}{2}\{(2n+1)n^2 - C_{2n+1}^3\} = \frac{1}{6}n(n+1)(2n+1).$$

这就是所要证明的.并且由前所说,当 $n=2$ 时等号成立.

　　这些例子告诉我们,有些问题适宜于采用归纳法,有些问题则不宜于采用归纳法.对于一个问题该用何种方法证明,有时难于直接判断,这时最合理的做法就是先考察一些简单情况.如果通过考察,可以找到合理的归纳途径,那么就可以使用归纳法.而如果找不到这种途径,或是在考察中发现了更好的更合理的证明思路,那么就应当立即易弦更张,采用其他的证明方法.

习　　题

1. 证明，对任意 n 个实数 $a_1, a_2, \cdots, a_n$ 及任意 n 个正数 $b_1, b_2, \cdots, b_n$，都有如下的不等式成立：

$$\frac{a_1^2}{b_1} + \frac{a_2^2}{b_2} + \cdots + \frac{a_n^2}{b_n} \geqslant \frac{(a_1 + a_2 + \cdots + a_n)^2}{b_1 + b_2 + \cdots + b_n}.$$

2. 以 $[b, c]$ 表示正整数 b 和 c 的最小公倍数. 设 $a_0 < a_1 < \cdots < a_n$ 为正整数，证明

$$\frac{1}{[a_0, a_1]} + \frac{1}{[a_1, a_2]} + \cdots + \frac{1}{[a_{n-1}, a_n]} \leqslant 1 - \frac{1}{2^n}.$$

3. 证明，对 $|x| < 1$ 和整数 $n \geqslant 2$，有如下的不等式成立：

$$(1 - x)^n + (1 + x)^n < 2^n.$$

4. 将凸 n 边形各条边的外侧都涂上颜色，再作该多边形的若干条对角线，并将这些对角线的一侧也涂上颜色，即贴着这些线段的一侧画上彩色的窄条. 证明，在由这些对角线所分出的多边形中，至少有一个多边形的各条边的外侧都是涂上颜色的.

5. 在 n 个点之间连接一些线段，现知每一个点同其余任何点之间都有道路可通，而在任何两点之间都没有两条不同的道路相通. 证明，线段的总数目不超过 $n-1$ 条.

6. 在凸多边形中连接若干条对角线，其中任何两条都不在形内相交（从同一个顶点可以连出不止一条对角线）. 证明，多边形中至少有两个顶点没有连出任何一条对角线.

7. 在 10×20 的方格表中填入 200 个不同的数. 在每一行中用

红色标出 3 个最大的数,在每一列中用蓝色标出 3 个最大的数.证明,表中至少有 9 个数字既被用红色,又被用蓝色标出.

8. 今有 n 堆石块,分别由 $1,2,\cdots,n$ 块石块堆成.每一轮允许从中任意指定若干堆石块,并从这些堆中各扔出相同数目的石块.证明,当 $2^{k-1}\leqslant n<2^k$ 时,至少经过 k 轮即可将全部石块扔完.

9. 设 $a_1,a_2,\cdots,a_n$ 是 n 个互不相同的正整数,证明

$$(a_1^7+a_2^7+\cdots+a_n^7)+(a_1^5+a_2^5+\cdots+a_n^5)$$

$$\geqslant 2(a_1^3+a_2^3+\cdots+a_n^3)^2.$$

试问,对怎样的互不相同的正整数 $a_1,a_2,\cdots,a_n$ 可有等号成立?

10. 数列 $a_0,a_1,\cdots,a_n,\cdots$ 按如下法则定义出来:

$$a_0=a_1=1,\ a_{n+1}=a_{n-1}a_n+1,\ n=1,2,\cdots.$$

证明,对一切 $n\geqslant 2,a_n$ 都不是完全平方数.

11. 证明,存在无穷多个正整数 n,使得数字 2^n 最末尾的一些数码恰好构成数 n.

12. a) 试问,是否存在具有如下性质的正整数序列 $a_1,a_2,\cdots$:其中每一项都不等于其余若干项的和,并且对每个 n,都有 $a_n\leqslant n^{10}$?

　　b) 问题同上,但要求对每个 n,都有 $a_n\leqslant n^{3/2}$.

13. 函数序列 $\{f_n(x)\}$ 的定义如下:

$$f_1(x)=\sqrt{x^2+48},$$

$$f_{n+1}(x)=\sqrt{x^2+6f_n(x)},\ 对\ n\geqslant 1.$$

试对每个正整数 n, 求出方程 $f_n(x) = 2x$ 的所有实数解.

14. 函数 $f(x)$ 对一切 $x > 0$ 有定义且取正值, 又当 a, b, c 是三角形 3 边之长时, $f(a), f(b), f(c)$ 仍可为三角形 3 边之长. 证明, 存在正数 A 和 B, 使得对一切 $x > 0$, 都有

$$f(x) \leqslant Ax + B.$$

15. 函数序列 $\{f_n(x)\}$ 的定义如下:

$$f_1(x) = 4(x - x^2), \ 0 \leqslant x \leqslant 1,$$
$$f_{n+1}(x) = f_n(f_1(x)), \ n \geqslant 1.$$

设在 $[0,1]$ 上使 $f_n(x)$ 取得最大值的 x 的个数为 a_n. 取得最小值的 x 的个数为 b_n, 试把 a_n 和 b_n 用 n 表示, 并用数学归纳法证明之.

16. 设 $q_1, q_2, \cdots$ 为正数序列, 现构造一个多项式序列如下:

$$f_0(x) = 1, \ f_1(x) = x,$$
$$f_{n+1}(x) = (1 + q_n)xf_n(x) - q_n f_{n-1}(x), \ \text{当} \ n \geqslant 1.$$

证明, 对一切正整数 n, 方程 $f_n(x) = 0$ 的所有实根均位于 -1 和 1 之间.

17. 证明, 对任何正整数 n, 都存在具有如下性质的正整数 a_n:

1) a_n 是一个十进制 n 位数, 它的各位数字均为 1 或 2;

2) a_n 可被 2^n 整除.

18. 证明, 任何不小于 8 的正整数都可以表示成若干个 3 和 5 的和.

19. 设数列 $\{a_n\}$ 的通项公式为

$$a_n = \frac{2^n - (-1)^n}{3}, \ n \ \text{是正整数};$$

数列 $\{b_n\}$ 的定义如下：$b_0 = 2$，$b_1 = \dfrac{5}{2}$，而

$$b_{n+1} = b_n(b_{n-1}^2 - 2) - b_1，n \text{ 是正整数.}$$

证明，对一切 n（n 是正整数），都有

$$[b_n] = 2^{a_n}.$$

其中 $[x]$ 表示不超过 x 的最大整数.

20. 设 $a_1, a_2, \cdots, a_n (n \geqslant 3)$ 是正整数，今知如下 n 个比值

$$\frac{a_1 + a_3}{a_2}, \frac{a_2 + a_4}{a_2}, \cdots, \frac{a_{n-2} + a_n}{a_{n-1}}, \frac{a_{n-1} + a_1}{a_n}, \frac{a_n + a_2}{a_1}$$

都是正整数. 现将这 n 个比值的和记作 S_n，证明：$2n \leqslant S_n < 3n$.

21. 证明，对一切正整数 n，都有

$$1 + \frac{1}{2} + \cdots + \frac{1}{n} \leqslant \frac{3n(n+1)}{2(2n+1)}.$$

22. 如果正整数 m 的质因数分解式

$$m = p_1^{r_1} p_2^{r_2} \cdots p_k^{r_k}$$

中，每一个质约数 p_i 的幂次 r_i 都不小于 2，则称 m 为一个好数.（例如，$3^2 \times 5^4, 2^3 \times 7^9$ 是好数，而 $3 \times 13, 2^3 \times 17$ 不是好数.）证明，有无穷多对相连的好数（例如：$8 = 2^3$，$9 = 3^2$ 就是一对相连的好数）.

提示与解答

1. 提示：可以假定 $a_1, a_2, \cdots, a_n$ 是正数，因在非正数时，只要考察 $|a_1|, |a_2|, \cdots, |a_n|$ 即可. 应认真验证 $n=2$ 的情形.

2. 提示：加强命题，改证
$$\frac{1}{[a_0, a_1]} + \frac{1}{[a_1, a_2]} + \cdots + \frac{1}{[a_{n-1}, a_n]} \leqslant \frac{1}{a_0}\left(1 - \frac{1}{2^n}\right).$$

3. 提示：在由 $n=k$ 向 $n=k+1$ 过渡时，可利用不等式
$$(1-x)^{k+1} + (1+x)^{k+1}$$
$$< \left[(1-x)^k + (1+x)^k\right]\left[(1-x) + (1+x)\right].$$

4. 提示：对所引的对角线的条数作归纳.

5. 提示：先证一个辅助命题："存在一个点，由它仅连出了一条线段." 然后再对点的数目作归纳.

6. 提示：通过对所引出的对角线的条数作归纳，证明一个更强的命题："存在两个不相邻的顶点，由它们没有引出任何对角线."

7. 提示：对 $k \geqslant 3, r \geqslant 3$，考虑在 $k \times r$ 的方格表中填写 kr 个不同数字的一般性命题，对和数 $k+r$ 作归纳.

8. 提示：对 k 作归纳.

9. 对 n 作归纳. 当 $n=1$ 时，我们有
$$a_1^5(a_1-1)^2 \geqslant 0,$$
也就是 $a_1^7 + a_1^5 \geqslant 2a_1^6$，知不等式成立. 假设当 $n=k$ 时不等式已成立. 要证对 $n=k+1$ 不等式也成立. 设 $a_1 < \cdots < a_k$

$< a_{k+1}$ 为任意正整数. 由归纳假设知,有

$$(a_1^7 + \cdots + a_k^7) + (a_1^5 + \cdots + a_k^5) \geqslant 2(a_3^1 + \cdots + a_3^k)^2.$$

而

$$2a_{k+1}^6 + 4a_{k+1}^3(a_1^k + \cdots + a_k^k)$$

$$\leqslant 2a_{k+1}^6 + 4a_{k+1}^3[1^3 + 2^3 + \cdots + a_k^3 + \cdots + (a_{k+1} - 1)^3]$$

$$= 2a_{k+1}^6 + 4a_{k+1}^3 \cdot \frac{1}{4}(a_{k+1} - 1)^2 a_{k+1}^2 = a_{k+1}^7 + a_{k+1}^5$$

(此处我们用到了 $a_1, \cdots, a_k, a_{k+1}$ 互不相同的假设,以及

求和公式 $1^3 + 2^3 + \cdots + m^3 = \frac{1}{4}m^2(m+1)^2$). 将上述两不

等式相加,即得 $n = k+1$ 时的不等式.

等号当 $a_1 = 1, a_2 = 2, \cdots, a_n = n$ 时成立.

10. 提示:考察 a_n 被 4 除的余数,可用数学归纳法证明,当 n
$\geqslant 2$ 时,该余数都是 2 或 3. 而完全平方数被 4 除的余数只
能是 0 或 1.

11. 提示:首先,$2^{35} = \overline{\cdots 736}$, $2^{736} = \overline{\cdots 736}$. 一般地,假设 $2^n = \overline{\cdots bn}$,再证 $2^{\overline{bn}} = \overline{\cdots bn}$,其中 b 是紧接在 n 前面的一位
数码.

12. a) 存在. 为构造具备所述性质的序列,先令 $b_0 = 1$, $b_n = 2^{3n-1}$, $n = 1, 2, \cdots$. 然后再来分段构造所需的序列:第 0 段
内又有一项:$a_0 = 1$;第 n 段内含有 $\frac{1}{2}b_n + 1$ 项,它们依次
等于 $\frac{1}{2}b_n^2, \frac{1}{2}b_n^2 + b_n, \frac{1}{2}b_n^2 + 2b_n, \cdots, b_n^2$. 于是所构造出
的序列即具备所述的性质. 事实上,第 n 项中各项之和为

$$\frac{3}{4}b_n^2\left(\frac{1}{2}b_n+1\right)=\frac{3}{8}b_n^2+\frac{3}{4}b_n^2\leqslant b_n^2-b_n=b_{n+1}-b_n,$$

这表明

$$\sum_{k=1}^{n-1}\frac{3}{4}b_k^2\left(\frac{1}{2}b_k+1\right)\leqslant b_n-b_0.$$

即序列中所有位于前 $n-1$ 段(不包括第 0 段)中的所有各项之和小于 b_n,可见第 n 段中的每一项均不等于序列中的某些项之和.由归纳法思想,可知序列中每一项都不等于其余某些项之和.我们再来估计序列中的第 N 项 a_N 的值.由于第 $n-1$ 段中共有 $\frac{1}{2}b_{n-1}^2+1$ 项,因此第 n 段中每一项的脚标 N 都大于 $2^{3n-2}-1$,因之有

$$a_N\leqslant b_n^2=2^{2\cdot 3^{n-1}}$$
$$=(2^{3^{n-2}})^6=\left[(2^{3^{n-2}}-1)+1\right]^6$$
$$\leqslant 2^6\cdot(2^{3^{n-2}}-1)^6<64N^6.$$

这表明对每个 N,都有 $a_N<64N^6$.故当 $N\geqslant 64$,就有 $a_N<N^7$.而对于所有小于 64 的 N,可直接验证 $a_N<N^7$.

b)不存在.可以验证,对 a_5 即已不能按题目要求构造出来,试自行验证之.

13. 容易看出,$x=4$ 是方程 $f_1(x)=2x$ 的解;假设 $x=4$ 是方程 $f_k(x)=4x$ 的解,再推出 $x=4$ 也是方程 $f_{k+1}(x)=4x$ 的解.接下来还应证明,对一切正整数 n,$x=4$ 都是方程 $f_n(x)=2x$ 的唯一解.为此,可用归纳法证明,当 $x>0$ 时,$\dfrac{f_n(x)}{x}$ 都是 x 的严格单调下降函数.

14. 提示:先考虑 $0<x<2$ 的情形,利用 $1,1,x$ 可为三角形3边之长,得出 $f(x)$ 的一个上界.再对一切正整数 $n\geqslant2$,利用归纳法证明

$$f(n)\leqslant(n-1)f(2).$$

最后再考虑非整数的 $x>2$.

15. 提示:$a_1=1,b_1=2,b_{n+1}=a_n+b_n,a_{n+1}=b_{n+1}-1$.

16. 提示:用归纳法证明,当 $|x|>1$ 时,有 $|f_{n+1}(x)|>|f_n(x)|$.

17. 显然可取 $a_1=2,a_2=12,a_3=112,\cdots$.假设当 $n=k$ 时,存在满足性质的正整数 a_k.假定 $\dfrac{a_k}{2^k}$ 是奇数,则当 $n=k+1$ 时,可令 $a_{k+1}=10^k+a_k$,于是就有

$$a_{k+1}=2^k(5^k+奇数)=2^{k+1}\cdot整数,$$

知 a_{k+1} 即为所求.假定 $\dfrac{a_k}{2^k}$ 是偶数,即当 $n=k+1$ 时,可令 $a_{k+1}=2\cdot10^k+a_k$,于是就有

$$a_{k+1}=2^k(2\cdot5^k+偶数)=2^{k+1}\cdot整数,$$

知 a_{k+1} 亦为所求.

18. 提示:$8=3+5,9=3+3+3,10=5+5$,然后再以跨度3前进.

19. 加强命题,证明,对一切 $n\in\mathbf{N}$,都有

$$b_n=2^{a_n}+2^{-a_n}. \qquad (*)$$

这是因为,对一切 $n\in\mathbf{N},a_n$ 都是正整数(试证之),因而可由 $(*)$ 立即得出 $[b_n]=2^{a_n}$.下证 $(*)$ 式:

显然,$b_1=\dfrac{5}{2},b_2=\dfrac{5}{2}$,而 $a_1=a_2=1$;因此有

$$b_1=2^{a_1}+2^{-a_1},\quad b_2=2^{a_2}+2^{-a_2}.$$

假设对 $n = k - 1$ 和 $n = k$，(∗)式都已成立，再证对 $n = k + 1$，(∗)式也成立即可.

20.提示:利用 $a + b \geqslant 2\sqrt{ab}$，易知

$$S_n = \left(\frac{a_2}{a_1} + \frac{a_1}{a_2}\right) + \left(\frac{a_3}{a_2} + \frac{a_2}{a_3}\right) + \cdots$$

$$+ \left(\frac{a_n}{a_{n-1}} + \frac{a_{n-1}}{a_n}\right) + \left(\frac{a_1}{a_n} + \frac{a_n}{a_1}\right) \geqslant 2n,$$

再用归纳法证明 $S_n < 3n$.

当 $n = 3$ 时，不妨设 $a_1 \geqslant a_2 \geqslant a_3$，于是有 $\dfrac{a_2 + a_3}{a_1} \leqslant 2$，由于该比值为正整数.故知其值或为2，或1，分别讨论之，可知均有 $S_3 < 9$.

假设 $S_k < 3k$，要证 $S_{k+1} < 3(k + 1)$.此时，不妨仍设 $a_1 = \max\{a_1, a_2, \cdots, a_k, a_{k+1}\}$，再对 $\dfrac{a_{k+1} + a_2}{a_1}$ 为1或为2的两种情形进行讨论.

22.证:取 $a_1 = 8, a_1 + 1 = 9$，则 a_1 和 $a_1 + 1$ 是第一对相连的好数.设已找到 n 对相连的好数:

$$a_1, a_1 + 1; a_2, a_2 + 1; \cdots; a_n, a_n + 1,$$

我们来证明，存在第 $n + 1$ 对相连的好数.注意到完全平方数皆为好数，又好数的乘积仍是好数，且

$$(2a_n + 1)^2 = 4a_n(a_n + 1) + 1,$$

于是可知，$4a_n(a_n + 1)$ 和 $(2a_n + 1)^2$，也是一对相连的好数，从而可取 $a_{n+1} = 4a_n(a_n + 1)$.由此可知，存在无穷多对相连的好数.